Pocket Guide to

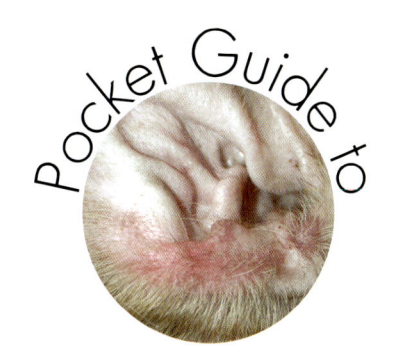

Otitis Externa in the Dog and Cat

Ten Key Steps in Medical Therapy

SUE PATERSON MA VetMB DVD DipECVD MRCVS
RCVS and European Specialist Veterinary Dermatology
Rutland House Veterinary Hospital, St Helens, Merseyside, UK

FOREWORD BY KARIN BEALE, DVM
Gulf Coast Veterinary Specialists, Houston Texas, USA

NOVA PROFESSIONAL MEDIA
2004

Nova Professional Media Limited
Bell House, Stanford Road
Faringdon, Oxon SN7 7AQ

First published 2004

© Nova Professional Media Limited 2004

All rights reserved.
No part of this publication may be reproduced,
stored in a retrieval system, or transmitted, in any form or by
any means, without the prior permission in writing of
Nova Professional Media Limited.

This book is sold subject to the condition that it shall not,
by way of trade or otherwise, be lent, re-sold, hired out or
otherwise circulated without the publisher's prior consent in any
form of binding or cover other than that in which it is published
and without a similar condition including this condition
being imposed on the subsequent purchaser.

A catalogue record for this book is available from the British Library
ISBN 0-9542639-3-6

Designed and typeset by Pete Russell, Faringdon, Oxon.
Printed in Spain by
T. G. Hostench SA, Barcelona

Although every effort has been made to ensure that drug doses and other information are presented accurately in this publication, the ultimate responsibility rests with the prescribing physician. Neither the publishers nor the author can be held responsible for errors or for any consequences arising from the use of information contained herein. For detailed prescribing information or instructions on the use of any product or procedure discussed herein, please consult the prescribing information or instructional material issued by the manufacturer.

Pocket Guide

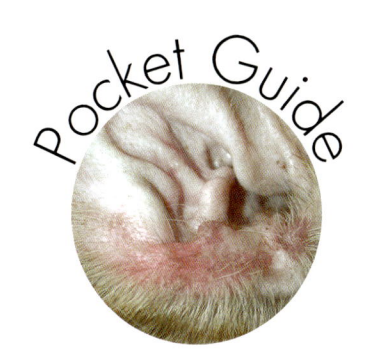

犬と猫の
外耳炎ガイドブック

診断・治療の10ステップ

Otitis Externa in the Dog and Cat
Ten Key Steps in Medical Therapy

SUE PATERSON

監訳:岩崎利郎

ファームプレス

Nova Professional MediaによるOtitis Externa in the Dog and Catの日本語翻訳権は（株）ファームプレスが所有する。本書からの無断複写・転載を禁ずる。

謝　　辞

協力していただいた臨床獣医師の先生方とラトランドハウスのスタッフ、そして「おしどり探偵」のIBとDMに深謝します。彼らがいなければこの本は完成しませんでした。

献　　辞

辛抱強く勤勉な夫のリチャード、よくお手伝いをしてくれた娘のサマンサとマシューに、この本を捧げます。

序　文

　卒後教育セミナーで外耳炎の管理と治療に焦点を当てた講演を行うと出席率は常に高い。これは単に外耳炎が最も多い来院理由というだけではなく、再発性外耳炎の治療や最終的な治癒が、時に非常にストレスを伴うからである。このポケットガイドは犬および猫の外耳炎の評価と治療に関する有用なガイドラインと、推奨される治療法を提供する。著者は外耳炎の治療法および管理法だけではなく、外耳炎の根本原因を理解するためのわかりやすい段階的な方法を提示している。さらに、外耳炎に対する自分の臨床経験を読者に分かち、治療が難しい外耳炎の問題解決に関する「謎を解く」手助けをしてくれる。第Ⅱ部では抗菌剤治療の選択肢に加えて、耳道洗浄に関する優れた提案を提供している。すべての国の獣医師がこの本を利用できるように、医薬品は一般名で記載した。豊富な臨床写真と顕微鏡写真は本書の内容を理解する上で非常に役に立つ。本書は使い勝手のよい参考書として、小動物臨床家の蔵書に加えられるだろう。

KARIN BEALE, DVM

監訳者のことば

　耳の疾患はあいかわらず頻繁に存在しており、二次診療を旨とする大学病院でも、難治性の外耳あるいは中耳の疾患が非常に多く、その治療には頭を悩ませ続けている。それにも拘わらず、耳の疾患の体系的な獣医学的研究はあまり盛んではなく、世界中にも耳の疾患の専門家はほとんどいないという有様である。それでもわれわれ獣医師は診断と治療を行っていかねばならないのであるが、いつまでも自分の経験と勘だけに頼っていては限界があり、飼い主にもその病態と予後を十分に説明することができない。特に難治性の場合には、バックグラウンドとしての疾患の役割と考え方、治癒しない場合はどこまで症状をコントロールできるのかという目安、内科的処置から外科的処置に移行するタイミングなどが、いつも悩みの多い部分である。したがって、何らかの体系化された診断および治療法を、だれかに提案して欲しいという切実な思いが募っていた。監訳者はこのような現状の下で監訳をしたわけであるが、この書籍では各診断ステップを明示しながら、行うべきこと、考えていかなければならないことが順序良く書かれていて理解がしやすい。そろそろわれわれも「外耳炎は感染症」という認識から抜け出さなければならない時期に来ているのかもしれない。

岩崎利郎

目　次

謝辞・献辞 …………………………………… v
序　　文 ……………………………………… vii
監訳者のことば ……………………………… ix

第Ⅰ部　情報を集める

第1章　飼い主と対話をする ……………… 3
第2章　動物を観察する …………………… 21
第3章　耳介を観察する …………………… 35
第4章　耳道を検査する …………………… 67
第5章　耳垢を検査する …………………… 83

第Ⅱ部　治療法を選択する

第6章　耳洗浄剤を選択する ……………… 105
第7章　抗菌剤を選択する ………………… 117
第8章　抗酵母菌剤を選択する …………… 133
第9章　駆虫剤を選択する ………………… 137
第10章　抗炎症剤を選択する ……………… 145
索　　引 ……………………………………… 152

第Ⅰ部　情報を集める

第1章　飼い主と対話をする

　初診時に飼い主と話す時間を十分に取ることが、詳しい病歴を知るためだけでなく、可能性のある耳炎の原因全てをチェックするために重要である。

　飼い主が初めての病院に再発性疾患の治療のために犬や猫を連れてきたときには、飼い主は過去の治療に対して違和感を持っていることが多い。そのとき使われていた薬剤が有効であったとしても、病状が再燃したという事実は、飼い主の目には治療が失敗であったと映っている。

　全身性疾患の症状が存在するときには、それを評価するため、全身的な病歴の聴取が重要である。皮膚病学的な病歴に関する重要な質問としては、初発年齢と疾患の進行状態および品種、花粉によるアレルギーなどのように季節性を伴うかどうか、またどのような治療をされ、それに対する動物の反応はどのようであったか（抗寄生虫治療やコルチコステロイドの投与に対する反応は特に重要である）、さらにはどのような診断検査が行われてきたか、などがある。

　原発因子、素因（第4章参照）、持続因子（第5章参照）、およびそれらがいかに相互関連するか、に関する概念は重要である（**図1.1**）。

　全ての耳疾患症例には必ず一次性の原発因子が存在する。これらの中で最も重要なものを**表1.1**に挙げ、以下でさらに詳細に述べた。しかし多くの動物に原発因子となる疾患が存在するが、それが明白

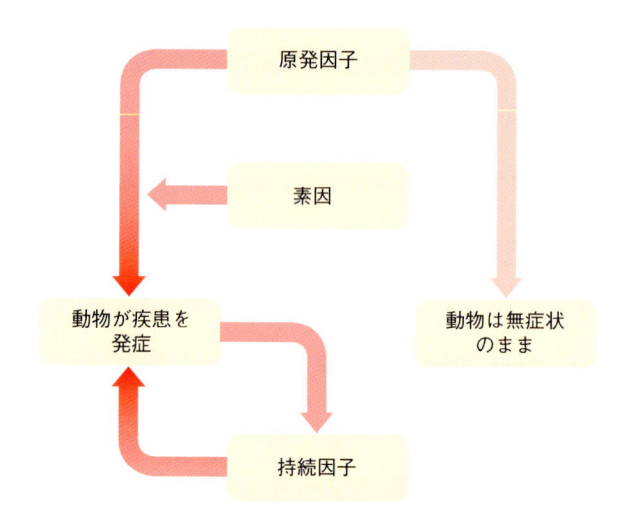

図1.1 原発因子、持続因子、素因の相互作用

な耳疾患を生じることがない。この例としては、全身性皮膚疾患を示すが、耳炎の病歴はないアトピー犬である。このような犬の耳介には発赤がみられ、また、垂直耳道を耳鏡で検査すると、発赤と軽度の腫脹がみられる。しかしこの犬は、耳に皮疹がみられるにもかかわらず不快ではないらしい。ところがこの犬に水泳をさせると、耳の中が湿潤し、症状が発現する（図1.2）。耳道上皮が湿潤すると酵母様真菌が過剰増殖し、その数は急速に増加して、感染と、しばしば「水泳後の耳」と表現される明瞭な疾患の症状を呈する。この犬が臨床獣医師のもとに来院するときには、マラセチアによる酵母様真菌感染が持続している。適切な耳道洗浄剤と抗酵母菌外用剤を用いた治療により、感染は確実に改善する。しかし、動物の習慣である水泳をやめさせない限りこの疾患は再発する。重症例では、

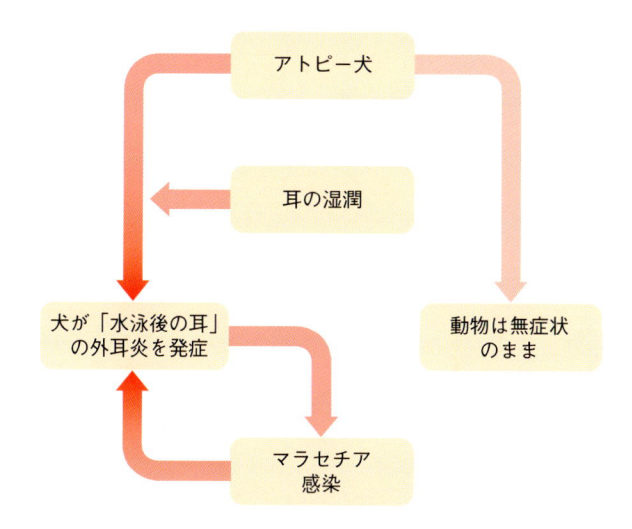

```
        アトピー犬
           │
    ┌──────┴──────┐
    ↓             ↓
  耳の湿潤      動物は無症状
    │           のまま
    ↓
犬が「水泳後の耳」
の外耳炎を発症
    ↑           │
    │           ↓
    └────── マラセチア
            感染
```

図1.2　原発因子、持続因子、素因の相互作用の例

表1.1　犬猫の外耳炎で最も重要な原発因子

- アレルギー
- 寄生虫
- 真菌感染症
- 内分泌疾患
- 免疫介在性疾患
- 異物
- 角化異常症
- その他

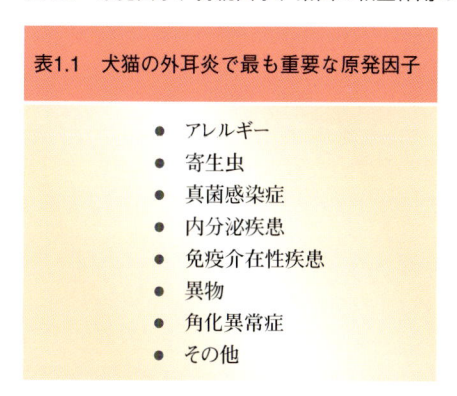

耳に感染を起こしやすくする湿潤環境を改善するため、原発因子であるアレルギーに対する対応も必要である。

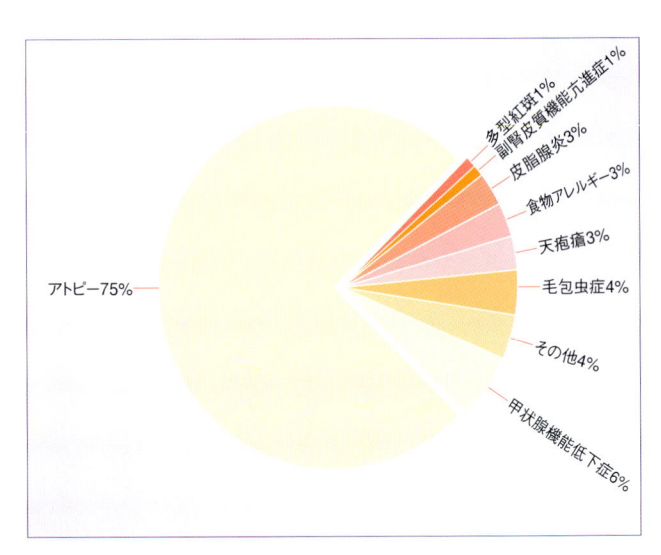

図1.3　1999〜2001年の間に著者の病院に来院した200頭の犬の調査による、耳炎の原発因子としての基礎疾患の割合

(円グラフの内容：アトピー75%、甲状腺機能低下症6%、その他4%、毛包虫症4%、天疱瘡3%、食物アレルギー3%、皮脂腺炎3%、副腎皮質機能亢進症1%、多型紅斑1%)

原発因子

　原発因子とは、すべての耳炎症例の基礎疾患である（**図1.3**）。これらの疾患は犬や猫の全身を冒すときと、状況によっては耳だけ、さらには片耳のみに影響することがある。耳炎症例のすべてに対して、初診時に原発因子を調べる必要はないが、耳炎が再発あるいは再々発した際には、より詳細な診断計画が求められる。動物の品種により診断の手懸かりが得られることがある（**図1.4**）。すべての犬がすべての疾患に罹患する可能性があることを忘れないのは意味があるが、特定の好発品種が存在するため、これは初期の診断計画を立てる上で有用である。ラブラドール・レトリーバー、コッカー・スパニエル、ジャーマン・シェパードなどのいくつかの品種は、耳の疾患に罹患しやすいことがよく知られている。しかし、品種に

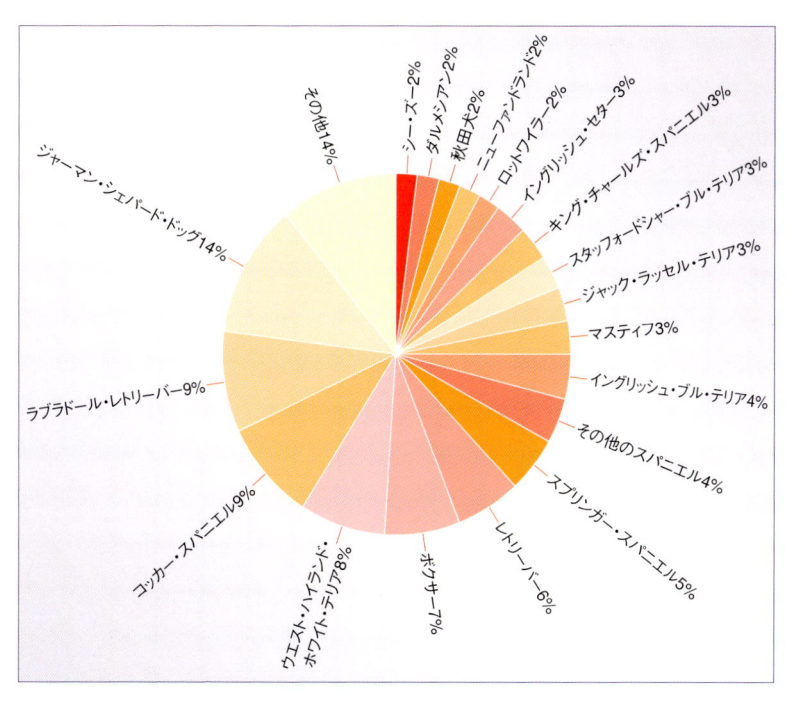

図1.4 1999～2001年の間に著者の病院で治療した200頭の犬に認められた犬種別の割合

よる感受性は各疾患で異なる（図1.5、図1.6）。

アレルギー

犬

　著者の病院では、犬の外耳炎の原因としてアレルギーが引き金となることがもっとも多い。著者の経験では、成犬の外耳炎症例の70％以上はアレルギーが原因である。これらの中では、アトピーが引き金となることがもっとも多く、アトピーの犬の80％以上が

犬と猫の外耳炎ガイドブック

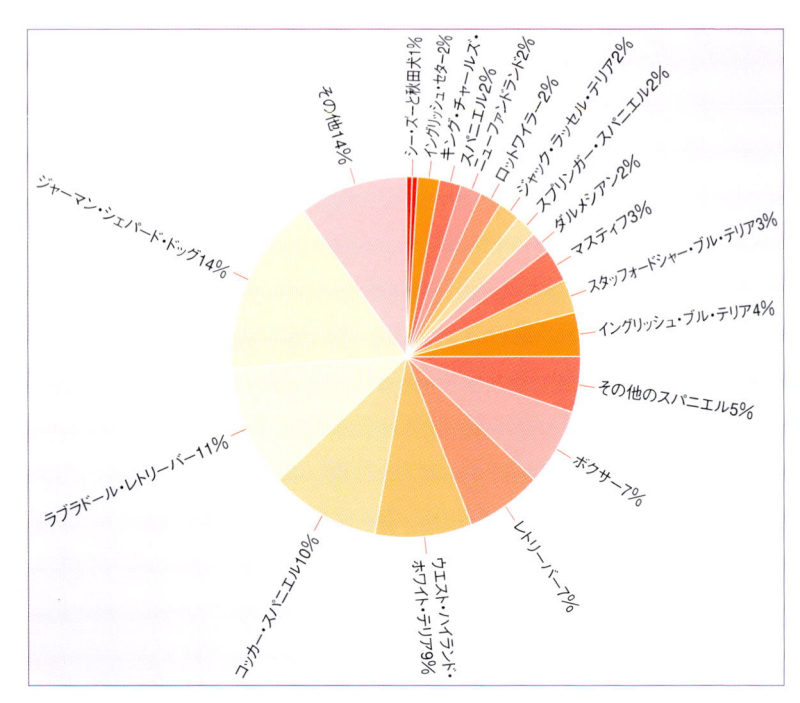

その他14%
ジャーマン・シェパード・ドッグ14%
ジャーマン・秋田犬1%
イングリッシュ・セター2%
キング・チャールズ・スパニエル2%
ニューファンドランド2%
ロットワイラー2%
ジャック・ラッセル・テリア2%
スプリンガー・スパニエル2%
ダルメシアン2%
マスティフ3%
スタッフォードシャー・ブル・テリア3%
イングリッシュ・ブル・テリア4%
その他のスパニエル5%
ボクサー7%
レトリーバー7%
ウエスト・ハイランド・ホワイト・テリア9%
コッカー・スパニエル10%
ラブラドール・レトリーバー11%

図1.5 1999～2001年の間に著者の病院で治療した200頭の犬の調査で、アトピーが耳炎の原発因子と認められた犬種別の割合

耳介の病変を示す。食物不耐性はアトピーよりも耳炎の原因となることは少ないが、特に非常に若齢の、6ヵ月齢未満の犬が両側性の症状を呈している場合には食物不耐性を考慮する。アレルギーは、皮膚にほとんど、あるいはまったく症状を認めずに外耳炎を起こし、さらに食物アレルギーとアトピーが共に片耳だけに病変を起こすことがある。また、接触過敏症あるいは刺激が耳炎の一次的な原因となることはまれであるが、耳の症状が適切な局所治療に反応しない場合には悪化因子の一つとなっている可能性がある。接触過敏症の

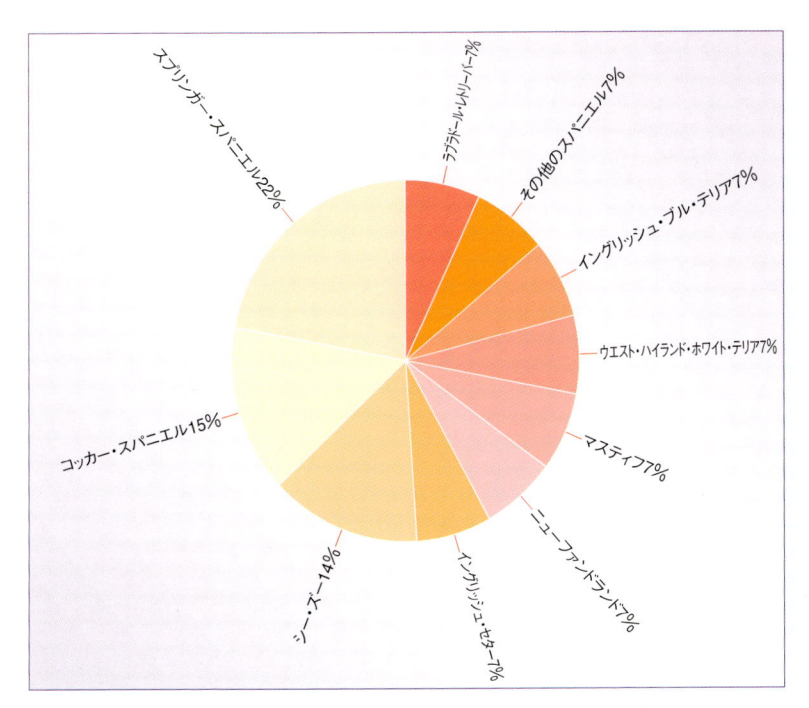

図1.6 1999〜2001年の間に著者の病院で治療した200頭の犬の調査で、甲状腺機能低下症が耳炎の原発因子と認められた犬種別の割合

（円グラフの内訳：スプリンガー・スパニエル22%、ラブラドール・レトリバー7%、その他のスパニエル7%、イングリッシュ・ブル・テリア7%、ウエスト・ハイランド・ホワイト・テリア7%、マスティフ7%、ニューファンドランド7%、イングリッシュ・セター7%、シーズー14%、コッカー・スパニエル15%）

原因としてはネオマイシンが関与していることが多い。動物によっては外耳道洗浄液に含まれるプロピレングリコールもアレルギー性あるいは刺激反応を起こすことがある。ノミが犬の外耳炎の原因となることはまれである。

猫

　猫ではアレルギーが耳疾患の原因となることは犬よりもはるかに少ないが、全身的な瘙痒性皮膚疾患が存在する症例や適切な外部寄

生虫治療への反応が認められない症例では考慮する。アトピーは猫の耳炎で最も多いアレルギー性の原因であり、したがって耳炎は瘙痒性皮膚疾患の診断に有用なマーカーである。犬と同様にノミアレルギー性皮膚炎の症状が耳に発症することはまれであるが、食物アレルギーとアトピーは耳を冒す。アトピーは特に細菌の二次感染を持続させやすい。感染の治療は原発因子が改善しない限り難しく、容易に再発する。

> **病歴中の重要な手懸かり**
> ●動物の年齢－通常若齢、3歳齢未満
> ●アレルギー：犬の好発品種は特にラブラドール・レトリーバー、ウエスト・ハイランド・ホワイト・テリア、ジャーマン・シェパード：猫には品種別発生率は報告されていない
> ●季節性のことがある。特に花粉が引き金となる場合

寄生虫

ダニだけではなく、ミミヒゼンダニ、イヌニキビダニ、*Demodex cornei*、*D. cati*や*D. gatoi*、イヌセンコウヒゼンダニ、*Neotrembicula autumnalis*、*Spilopsylla cuniculi*（ウサギノミ）、*Trichodectes canis*、*Felicola subrostratus*なども耳に寄生することがある。

犬

ミミヒゼンダニは若齢犬の耳炎の原因となることが多いが、アレルギーを原発因子として持っていることが多い高齢犬では、この寄生虫症が過剰に診断される傾向がある。若齢型耳毛包虫症は若齢動

物に発生し、アレルギー性耳炎の重要な鑑別疾患の一つである。耳垢からは毛包寄生ダニであるイヌキビダニが最も多く検出される。表層寄生性の*Demodex cornei*は、一般に耳介のテープストリッピング検査で認められる。ボクサー、シー・ズー、キャバリア・キング・チャールズ・スパニエルなどいくつかの品種に好発傾向があると考えられている。高齢犬から毛包虫が検出されたときは、通常免疫抑制が示唆される。これは長期的なコルチコステロイドの使用による医原性の場合や、全身疾患に由来する可能性がある。急性に発症した瘙痒症、特に耳介が罹患している犬に対しては、すべてミミヒゼンダニの寄生を疑う。ミミヒゼンダニの寄生によって、激しく頭を振る動物では、耳血腫が形成されることがある。シラミ、特に刺咬性のシラミである*Trichodectes canis*は、犬の耳介の被毛がマット状になったときに集合して存在することがある。これは特に使役用スパニエルによく認められ、耳介に極めて強い炎症を生じることがある。ツツガムシの*Neotrombicula autumnalis*は、秋に犬に認められる季節性の疾患である。この真赤なダニは一般に「ヘンリーのポケット」、すなわち耳介の中央尾側縁にある小さな皮膚弁の中に認められる。

猫

すべての年齢の猫でミミヒゼンダニが耳疾患を起こす最も多い原因であるが、特に若齢の猫に多くみられる。この寄生虫は耳に限局せず、異所寄生をすることがある。これは丸まって眠る猫で特に重要で、耳から這い出したダニが臀部周囲に移動すると、皮膚炎症状を起こす。*Demodex cati*と*D. gatoi*が猫の耳炎の原因となることは少ない。これらが検出されたときは通常、猫がFeLVとFIVの両方

に感染し、ウイルス性の免疫抑制が起こっている。ダニの*Notoedres cati*は猫の疥癬を生じる。多くの場合病変は耳介辺縁に始まるが、猫のグルーミング行動によって顔面と頸部に広がると考えられている。*Felicola subrostratus*は猫に寄生する刺咬性のシラミであり、耳に寄生することは少ない。ウサギノミの*Spilopsyllus cuniculi*は耳を標的とする唯一のノミであり、耳介とその周囲に好発する。通常は、狩猟好きの猫に、夏季に検出される。

> **病歴中の重要な手懸かり**
> ●しばしば若齢動物
> ●毛包虫症以外は接触する動物や飼い主に感染が認められることが多い
> ●季節性の寄生性疾患もある。例：ツツガムシ、*Spilopsyllus cuniculi*など
> ●外部寄生虫の駆除を全く行っていない、または不適切に行っている
> ●瘙痒を伴うときは、コルチコステロイドに対して反応が乏しいことが多い

真菌感染症

真菌感染症が外耳炎の原因となることは少ないが、耳介に病変を生じさせる可能性はある。

犬

*Microsporum canis*と*Microsporum persicolor*は犬の耳介に痂皮性病変を生じさせることがある。*Trichophyton mentagrophytes*は

げっ歯類やハリネズミと接触のある若齢のテリアに認められることが多い。*Sporothrix shenckii*は多くの場合、全身性疾患を生じさせる。

猫

*Microsprum canis*は特に若齢の猫で耳介の病変の原因となることが多い。典型的な病変は耳に限局しており、円形の「タバコの灰」病変として存在する。

> **病歴中の重要な手懸かり**
> ●しばしば若齢の犬と猫
> ●しばしば飼い主や接触する動物に接触感染徴候
> ●病変はコルチコステロイドに反応しない
> ●好発品種と、関連のある生活様式　例：穴掘りの好きな犬、狩猟好きの猫

内分泌疾患

内分泌疾患が耳炎の原因となることは猫よりも犬の方が多い。

犬

著者の病院では、内分泌疾患は犬の外耳炎で2番目に多い原発性の原因である。甲状腺機能低下症は一般に成犬に外耳炎を生じさせ、特に過去に明確な皮膚疾患の病歴のなかった場合に多い。逆に、自然発生性副腎皮質機能亢進症が耳疾患を生じることはまれである。したがって耳病変は、全身性内分泌疾患の検査の一つとして、犬を評価する際に有用な指標となる。全身投与したコルチコステロイド

や、耳道から吸収される可能性のある強力なコルチコステロイド外用剤は、医原性のクッシング症候群を起こすことがある。コルチコステロイドの過剰投与から細菌、特に緑膿菌に耐性株が生じる可能性がある。また長期間の強力なコルチコステロイドの使用により、耳道に共生する毛包虫が過剰増殖する可能性がある。

猫

猫は犬と異なり、内分泌疾患が耳疾患の原因となることは少ない。猫ではまれに甲状腺機能亢進症から耳垢性耳炎が生じ、酵母様真菌感染症を起こしやすくなることがある。

病歴中の重要な手懸かり
- 自然発生性疾患
- 過去に皮膚疾患の病歴がない成犬
- 適切な細胞診や培養と感受性検査に基づいた治療にも反応がない
- 医原性疾患
- 治療に対する反応性が変化する

免疫介在性疾患

他の臨床症状を伴わずに耳が免疫介在性疾患に罹患することは少ないが、時には耳に初発し全身性に進行する症例もある。

犬

免疫介在性疾患は猫よりも犬の耳に発症する傾向が強い。著者はこれまでに水疱性類天疱瘡、落葉状天疱瘡、円形脱毛症、血管炎、円板状エリテマトーデス、多型紅斑、主に耳が罹患した皮膚筋炎を

経験している。血管炎などの免疫介在性疾患は、他の身体の末端部だけではなく耳にもパンチアウト状の潰瘍病変を作ることが多い。この疾患にはあきらかな好発品種がある。

猫

猫の耳に発症する免疫介在性疾患には円板状エリテマトーデスと血管炎がある。オリエンタル種はこれらの疾患の好発品種と考えられる。

> **病歴中の重要な手懸かり**
> ●すべての年齢、季節性はない
> ●好発品種、特に、秋田犬：落葉状天疱瘡、ドーベルマン：水疱性類天疱瘡、ジャーマン・シェパード：円板状エリテマトーデス、ラフ・コリーとシェトランドシープドッグ：皮膚筋炎
> ●天疱瘡に対する強力なコルチコステロイドの外用療法を除き、病変は過去の治療に反応していない

異物

異物は植物性のものが多いが、被毛、土、砂、質の悪い粉末性耳科用薬などが耳道内に留まることがある。

犬

異物が耳炎の原因となることは多く、特に夏季にはノギ状の植物が耳道内に深く進入することがある。狩猟犬では、狩猟という生活様式と耳の構造上、発生が多い。多くの動物は急性の疼痛性片側性疾患という主訴で来院するが、異物が耳垢中に混在するため、時間

が経過して異物が耳垢から遊離するまで症状を生じないこともある。耳垢と被毛が混ざって耳垢塊が形成され、耳道深部の、知覚に敏感な被毛に付着し、疼痛性の凝塊となることもある。この耳垢塊の重みで被毛が引っ張られるため、頭部を動かすと不快感が生じる。

猫

異物が猫の耳炎の原因となることはほとんどない。

> **病歴中の重要な手懸かり**
> ●急性の発症
> ●触診時の耳の疼痛
> ●通常は片側性
> ●通常は過去に耳疾患の病歴なし
> ●耳介への侵襲は比較的少ないことが多い

角化異常症

角化異常症は通常耳垢性耳炎を伴う。原発性角化異常症は二次的な疾患よりもはるかに少ない。水平耳道と垂直耳道に罹患するほとんどの炎症性疾患は、耳垢を過剰に産生させ、二次性耳垢性耳炎を生じる可能性がある。犬猫の原発性および二次性耳垢性耳炎では、共に酵母様真菌の感染が持続因子となっていることが多い。

犬

皮脂腺炎と原発性脂漏症は、ともに原発性耳垢性耳炎に関連して認められることがある。皮脂腺炎は多くの場合、耳介の微細な落屑からなる病変と乾燥性落屑性外耳炎から始まる。この疾患は全身性

に進行することがある。コッカー・スパニエルなどに認められる原発性特発性脂漏症に対する好発品種は、原発性耳垢性耳炎に対する好発品種でもある。耳垢腺の過形成は記載が少ない疾患であるが、専門医の中には耳垢腺の分泌過剰が原因となっていることが多いと述べるものもいる。著者の経験からは、これらの症例のほとんどで、過剰な耳垢腺産物の原因は潜在する炎症性耳炎によるものであると考えられる。最も多い二次性耳垢性耳炎の原因はアレルギー（特にアトピー）と、甲状腺機能低下症である。

猫

原発性耳垢性耳炎は少ない。しかし、食物アレルギーおよびアトピーによるアレルギー性耳炎から耳垢腺産物の分泌過剰が起こり、二次性耳垢性耳炎となる可能性がある。甲状腺機能亢進症でも同様の症状が認められるが、多くの場合、6歳以上の高齢の猫か、あるいは過去に皮膚疾患の病歴がない猫に認められる。

> **病歴中の重要な手懸かり**
> ●好発品種、プードル、秋田犬、サモエド、ビズラ：皮脂腺炎、コッカー・スパニエル：原発性脂漏症
> ●季節性パターンはない

その他の原因

耳炎のその他の原因には、数種のまれな疾患に加えて、凍傷や日焼けなどの環境的な原因がある。

犬

若年性蜂窩織炎（若齢犬の腺疫）は滲出性外耳炎から始まること

が多い。この疾患は頭部の広い領域に急速に進行するため、早期の発見と治療が重要である。不適切な治療では瘢痕化が生じる場合がある。耳炎のまれな原因としては、他に犬の無菌性好酸球性耳介毛包炎がある。これは特発性疾患であり、通常は耳介に限定して発生し、耳介が様々な程度の瘙痒性の無菌性好酸球性丘疹で覆われる。増殖性外耳炎は主に耳道に発症し、耳道内に有茎性ポリープ状腫瘤が発育する。

猫

日焼けは光化学的障害を生じさせ、最終的に、特に屋外で日光に当たる白色猫の耳介に、腫瘍性変化を起こす。耳垢腺の腫瘍などの閉塞性病変は、猫の耳道に多く生じる疾患である。これらに関しては第4章でより詳細に述べる。

病歴中の重要な手懸かり
●若年性蜂窩織炎―若齢犬が罹患することが多い
●環境的な原因の存在

参考文献

August JR (1988). Otitis externa: a disease of multifactorial etiology. *Veterinary Clinics of North America* **18**, 731–742.

Carlotti DN, Guaguere E, Denerolle P, Madin F, Collet JP and Leroy S (1995). A retrospective study of otitis externa in dogs. *Proceedings of the 11th Annual Meeting of the AAVD/ACVD*, Santa Fe, p. 84.

Fraser G (1965). Aetiology of otitis externa in the dog. *Journal of Small Animal Practice* **6**, 445–452.

Fraser G, Gregor WW, Mackenzie CP, Spreull JSA and Withers AR (1970). Canine ear disease. *Journal of Small Animal Practice* **10**, 725–754.

Fraser G, Withers AR and Sprull JSA (1961). Otitis externa in the dog. *Journal of Small Animal Practice* **2**, 32–47.

Gotthelf LN (2000). *Small Animal Ear Diseases*. W.B. Saunders Company. Philadelphia.

Harvey RG, Harari J and Delauche AJ (2001). *Ear Diseases of the Dog and Cat*. Iowa State Press.

Rosser EJ (1988). Evaluation of the patient with otitis externa. *Veterinary Clinics of North America* **18**, 765–772.

Rosychuk RAW (1994). Management of otitis externa. *Veterinary Clinics of North America: Small Animal Practice* **24**, 921–952.

第2章　動物を観察する

　飼い主から十分な病歴を聴取したら、次は動物の観察と検査を始める。

　耳の検査を始める前には必ず、動物の全身的な健康状態を精査する。全身の検査では循環器系の完全な機能評価と腹部の触診も行う。これにより、甲状腺機能低下症の犬にみられる徐脈などのわずかな症状を発見できるだけではなく、必要な場合には鎮静や、さらに詳細な検査を行えるかどうかを評価する意味でも重要である。可能ならば、耳の検査の前に身体検査と皮膚の検査を行うが、これは様々な理由によって、常に可能であるとは限らない。動物が神経質であったり攻撃的であったりすることや、飼い主が自分の動物を保定できないことも、合併症の存在や忙しい診療の最中に長期経過の症例が来院することもある。また、当然のことだが、再発性の耳炎は飼い主の不満の原因となることが多く、一次診療ではセカンドオピニオンを求めての来院が、最も多い来院理由となっている。このため、そのような動物が来院したときには、さらに詳細な検査を行うだけの信頼を得ることが重要である。時には鎮静や全身麻酔を行う必要もある。

　完全な全身麻酔が必要な検査で、著者が重症例以外に用いている鎮静剤は、塩酸メデトミジン（*Domitor*®, Pfizer）とブトルファノール（*Torbugesic*®, Fort Dodge）の組合せである。循環器系疾患の徴候がない健康な犬に対して用いている用量は、塩酸メデトミジン

0.01mg/kg（0.01ml/kg）とブトルファノール0.1mg/kg（0.01ml/kg）である（表2.1）。これらの薬剤は1本のシリンジで混合注射が可能であり、筋肉内あるいは静脈内に投与する。鎮静後、必要であればチオペンタール系麻酔薬を投与することができる。全身麻酔を行わずにより深い鎮静が必要な場合には、ブトルファノールの用量は変えずに塩酸メデトミジンを0.01～0.025mg/kg(0.01～0.025ml/kg)まで増量してもよい。塩酸メデトミジンは等量の塩酸アチパメゾール（*Antesedan*, Pfizer）で拮抗することができる。

表2.1 犬の耳の検査に推奨される鎮静剤の割合

犬の体重 (kg)	塩酸メデトミジン (ml)	ブトルファノール (ml)
2.5	0.025	0.025
5.0	0.05	0.05
10.0	0.1	0.1
20.0	0.2	0.2
30.0	0.3	0.3

猫も覚醒状態では検査が困難である。塩酸メデトミジンとブトルファノールは猫に対しても良好に用いることができる。推奨用量比は、塩酸メデトミジン0.05mg/kg（0.05ml/kg）とブトルファノール0.25mg/kg（0.025ml/kg）である。この組合せを静脈内あるいは筋肉内に投与する。

皮膚検査で得られる情報は極めて重要である（表2.2）。外耳炎

が存在する場合、全身性の皮膚疾患が認められないことはまれである。飼い主が気付かなかったり、正常なものと認識していた軽度の皮膚疾患がしばしば存在する。

　全身的な皮膚疾患がよく認められる罹患部位は、顔面、特に眼周囲の皮膚、腹部腹側領域、四肢などである。膿疱、丘疹、潰瘍などの原発疹は診断に有用である。しかし、よだれ焼けや紅斑などの軽微な症状も存在することがあるが、これらに飼い主が気付いていないことがある。

表2.2 最も重要な原発因子別の、皮膚に認められる症状 (1)

原発因子	存在する可能性のある全身症状	皮膚症状
アレルギー	眼脂、乾燥性角結膜炎	趾間の発赤 足のよだれ焼け(図2.1) 眼瞼痙攣、擦過による眼周囲の脱毛(図2.2) 腹部の発赤(図2.3)、よだれ焼け、膿皮症 屈側面の病変(図2.4)
寄生虫 毛包虫症 疥癬		脱毛、面皰、特に顔面と四肢(図2.5、図2.6) 瘙痒、丘疹、落屑、伸展側の外傷
真菌感染症		境界明瞭な灰色の脱毛面、痂皮形成
内分泌疾患 (甲状腺機能低下症)	徐脈、乾燥性角結膜炎、肥満犬、尾腺の腫大	脂漏症、貧弱な被毛、両側性脱毛(図2.7) 被毛は容易に抜ける、腹部の膿皮症

表2.2 最も重要な原発因子別の、皮膚に認められる症状（2）

原発因子	存在する可能性のある全身症状	皮膚症状
免疫介在性疾患		
落葉状天疱瘡		足底肉球の角質増多、しばしば顔面の痂皮形成を伴う全身性の膿疱（**図2.8**）
血管炎		末端部分のパンチアウト状潰瘍、圧抵部位上の病変（**図2.9、図2.10**）
異物		なし
角化異常症		
皮脂腺炎		全身性の痂皮形成、脱毛、被毛は容易に抜ける（**図2.11**）著明な毛包角栓（**図2.12**）
原発性脂漏症		全身性の痂皮形成と脂漏症、特に乳頭周囲
その他の若齢犬の膿皮症	リンパ節症	眼周囲の腫脹、鼻口部と顔面のフルンケル症（**図2.13、図2.14**）

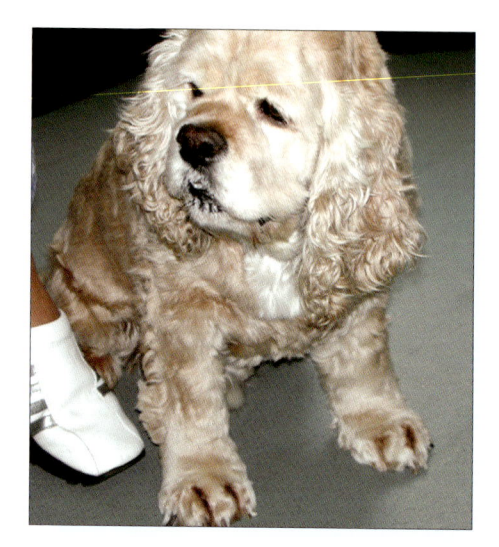

図2.1　緑膿菌性の外耳炎を示すアトピーのスパニエルに認められた足のよだれ焼け

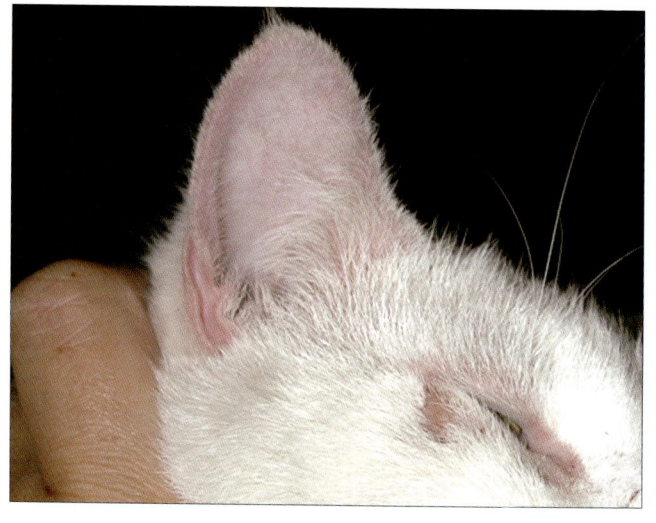

図2.2　アトピーの猫に自己損傷で生じた眼周囲の脱毛（耳介の発赤に注目）

第 2 章 動物を観察する

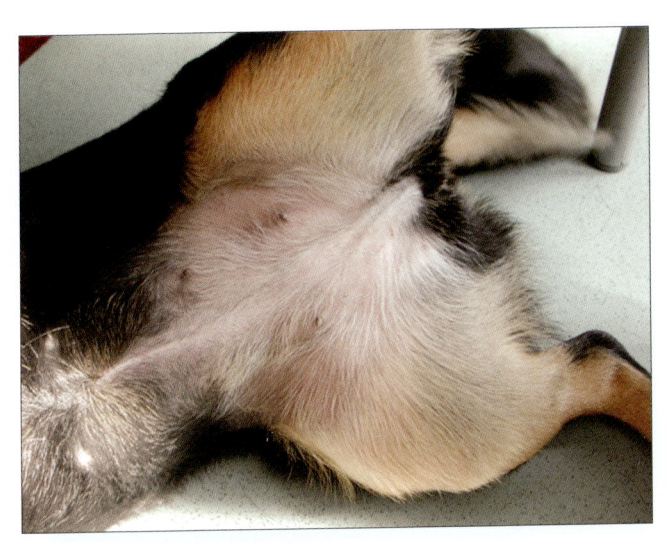

図2.3 アトピーの犬に認められた腹部の発赤

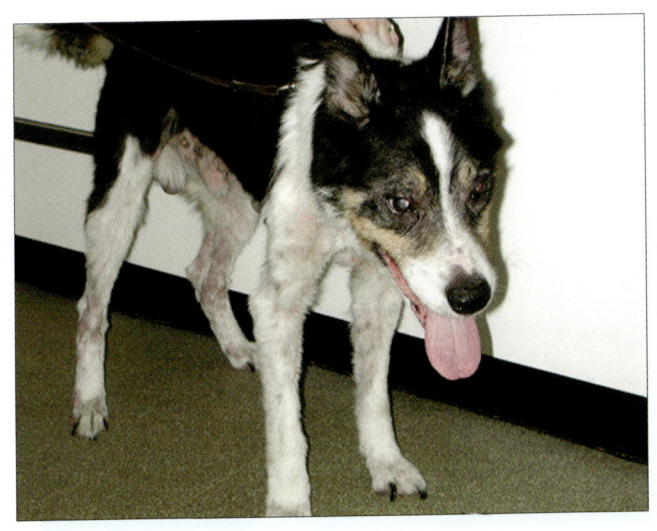

図2.4 アトピーの犬の外耳炎。腹部、四肢、屈曲部など全身への波及に注目

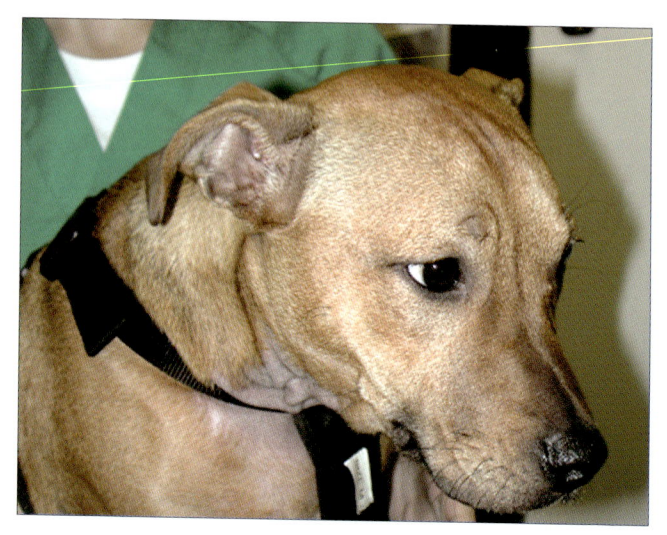

図2.5 耳毛包虫症の若齢犬に認められた頸部の脱毛

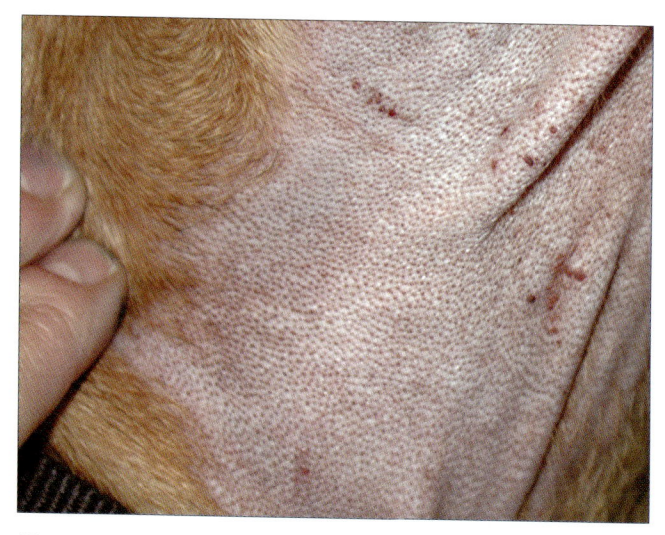

図2.6 図2.5に示した若齢犬の近接写真。頸部の脱毛と面皰を示す

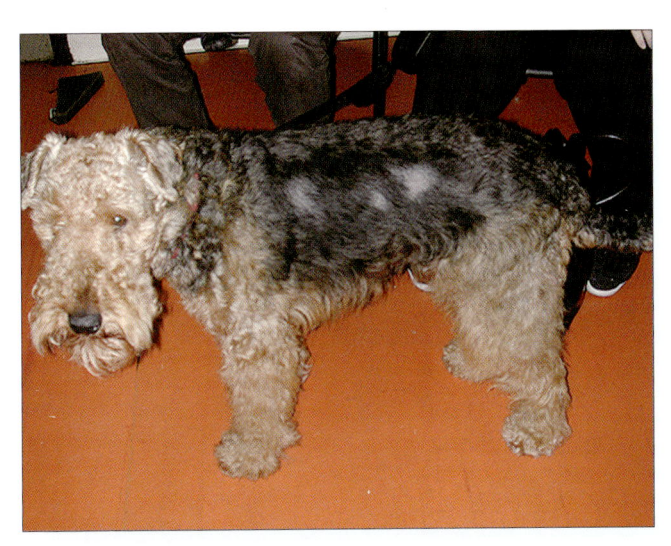

図2.7 甲状腺機能低下症の犬に認められた両側性脱毛

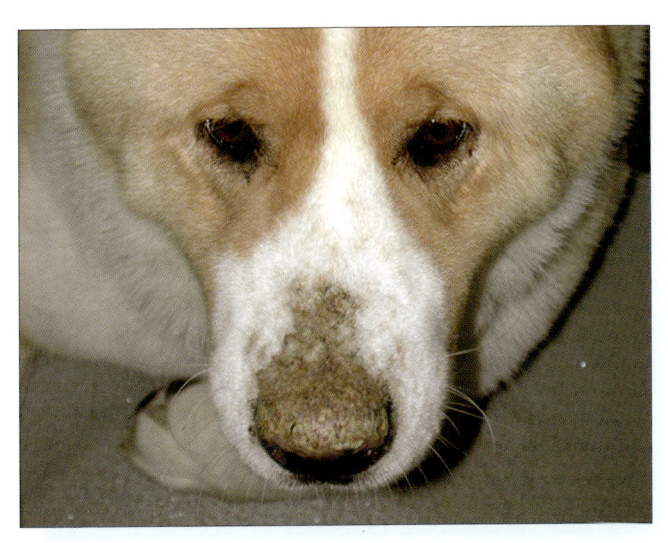

図2.8 外耳炎を示す秋田犬の鼻部に認められた痂皮形成。原因は落葉状天疱瘡

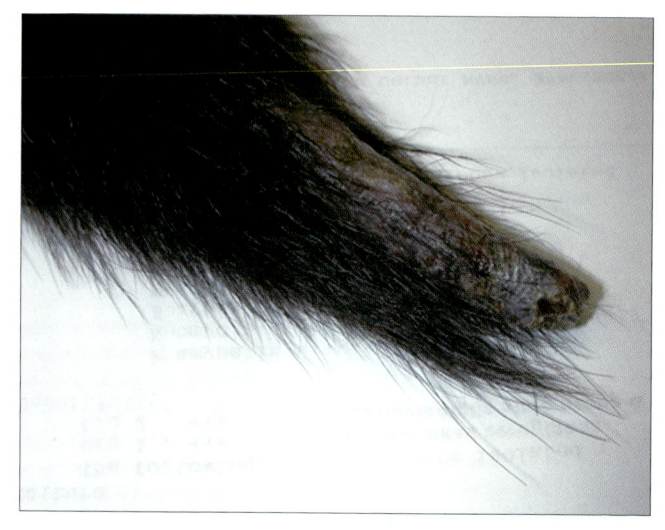

図2.9 血管炎の犬の尾端に認められた脱毛と潰瘍形成

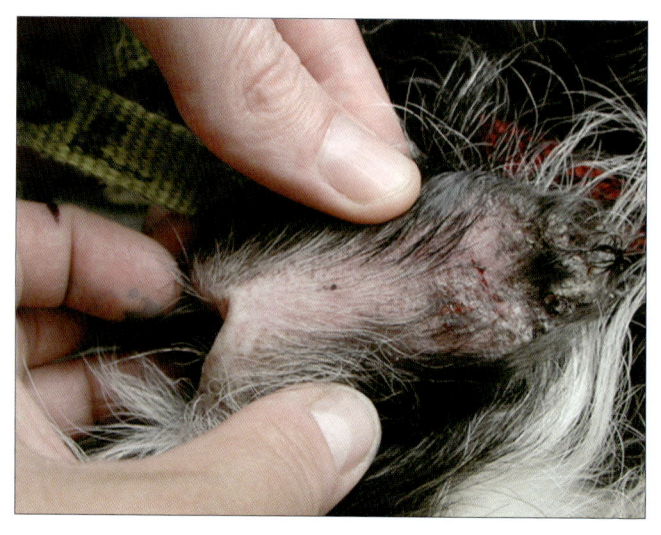

図2.10 図2.9の犬の耳介に認められた潰瘍と痂皮形成

第 2 章　動物を観察する　31

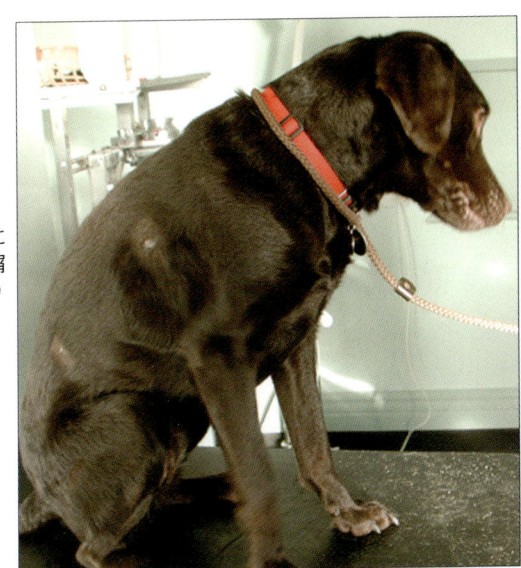

図2.11　皮脂腺炎の犬に認められた全身性の落屑（診察台上の落屑に注目）

図2.12　図2.11で示した犬の耳に認められた被毛先端の毛包角栓。病変は耳道に及ぶ

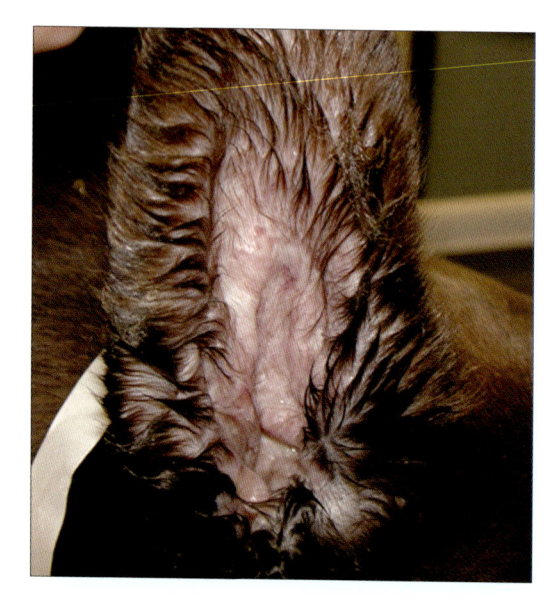

図2.13 若年性蜂窩織炎の症例に認められた耳介の滲出、腫脹、発赤

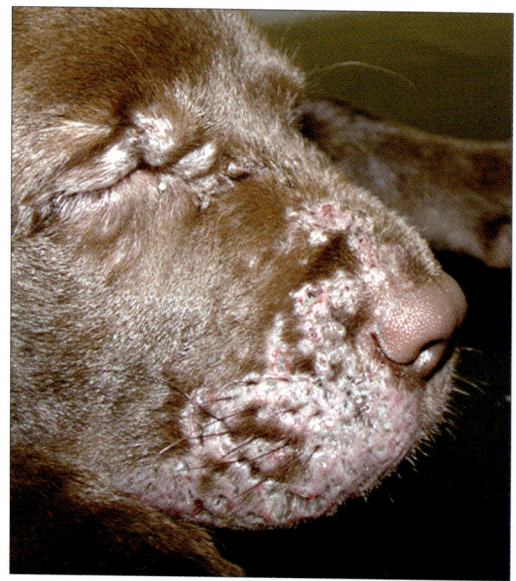

図2.14 図2.13の若齢犬に認められた鼻口部のフルンケル症。病変はしばしば耳から始まる

参考文献

August JR (1988). Otitis externa: a disease of multifactorial etiology. *Veterinary Clinics of North America* **18**, 731–742.

Carlotti DN, Guaguere E, Denerolle P, Madin F, Collet JP and Leroy S (1995). A retrospective study of otitis externa in dogs. *Proceedings of the 11th Annual Meeting of the AAVD/ACVD*, Santa Fe, p. 84.

Fraser G (1965). Aetiology of otitis externa in the dog. *Journal of Small Animal Practice* **6**, 445–452.

Fraser G, Gregor WW, Mackenzie CP, Spreull JSA and Withers AR (1970). Canine ear disease. *Journal of Small Animal Practice* **10**, 725–754.

Fraser G, Withers AR and Sprull JSA (1961). Otitis externa in the dog. *Journal of Small Animal Practice* **2**, 32–47.

Gotthelf LN (2000). *Small Animal Ear Diseases*. W.B. Saunders Company. Philadelphia.

Harvey RG, Harari J and Delauche AJ (2001). *Ear Diseases of the Dog and Cat*. Iowa State Press.

Rosser EJ (1988). Evaluation of the patient with otitis externa. *Veterinary Clinics of North America* **18**, 765–772.

Rosychuk RAW (1994). Management of otitis externa. *Veterinary Clinics of North America: Small Animal Practice* **24**, 921–952.

第3章 耳介を観察する

　動物の皮膚の全身的な評価が終了したら、次に耳の評価を開始する。しかし、耳道、鼓膜、耳垢を観察する前に、耳介の完全な評価を行う。

耳介の診断的検査

　耳介は正常な皮膚の延長であると考えた方がよい。このため耳介から採取した材料の検査には、全身的な皮膚疾患の検査のために一般に行われている基本的な検査が含まれる。

　それらの中でも必ず実施するのは以下の検査である。
- 深部および浅部の皮膚掻爬検査
- テープストリッピング検査
- 膿疱の細胞診
- 病変の押捺塗抹検査
- 被毛の抜去試験

初診時の所見によってはさらに生検を行う。

皮膚掻爬検査

　皮膚掻爬検査は、頭を振っている動物が来院したときには特に、皮膚の浅部および深部の両方から採取することが重要である。深部の掻爬材料は少なくとも2ヵ所以上から採取し、可能であれば耳介の辺縁部、理想的には損傷していない痂皮の部位と、耳介内側の被毛の少ない部分に存在する壊れていない病変から採取する。深部皮膚掻爬検査の材料を採取するときには積極的に、毛細血管から出血

が認められるまで行う（**図3.1**）。

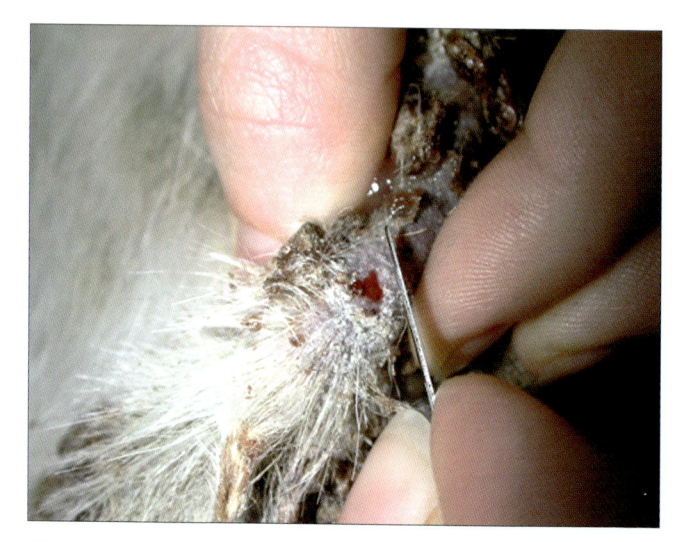

図3.1　深部皮膚掻爬検査に伴う毛細血管からの出血

　採取した材料は、水酸化カリウムか流動パラフィンとともに封入する。水酸化カリウムは材料を固定・透徹し、寄生虫を観察しやすくする利点がある。流動パラフィンは検体を透徹したり寄生虫を殺滅することがないので、しばしばスライドガラス内で動いているのが観察できる。しかしすぐに検査しないときには寄生虫が液体中で丸まり、検出がより困難となる。ヒゼンダニ（**図3.2**）や猫小穿孔ヒゼンダニなどの外部寄生虫を検出するには深部の掻爬検査が必要である。面皰の形成は一般に耳毛包虫症例の耳介内側に認められる。このような症例では、面皰内容を搾り出してダニを検出する（**図3.3**）。耳介に静かに触れ、被毛が生えている方向に向けてメスの刃

第3章　耳介を観察する

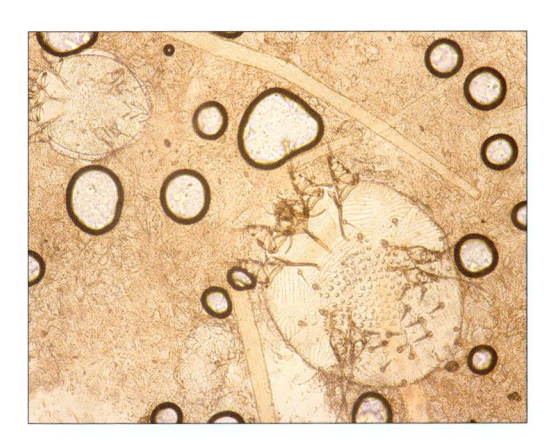

図3.2　耳介の深部皮膚掻爬検査で認められたヒゼンダニ（倍率×100）

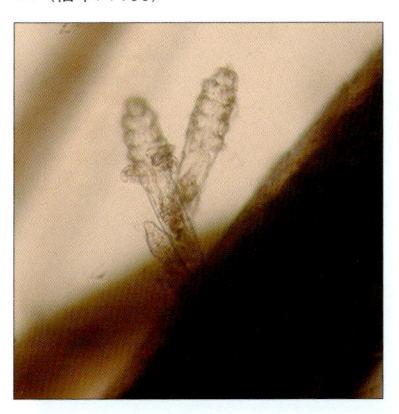

図3.3　面皰病変の深部皮膚掻爬検査を行ったところ、検出されたニキビダニ（倍率×100）

で掻爬し、詰まった毛包から内容物を注意深く、「ミルクを搾る」ように採取する。表層からの掻爬材料は深部からの掻爬検査と同様に採取するが、毛細血管からの出血は起こらない。耳介表層はこの方法による材料の採取に適した部位であり、特にシラミやウサギノ

ミは検出しやすい。

テープストリッピング検査

微生物の検出：耳介に紅斑が認められる場合、特にその紅斑がマラセチア感染症を示唆する続発性油性脂漏症を併発している場合、透明な粘着テープを用いた耳介の押捺塗抹検査が必須である。耳介の様々な部位に透明なテープをそっと押し付け、表層の材料を採取する。ピーナッツ型をした典型的なマラセチア（図3.4）を確認するため、テープを注意深くDiff Quikで染色する。細菌感染が存在する場合には細菌のコロニーが角質細胞上に明瞭に認められ、多くの場合大量の好中球がともに認められる。

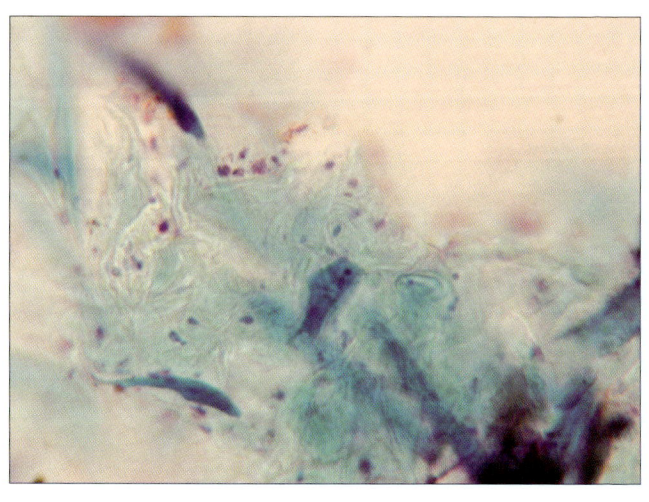

図3.4　テープによる皮膚押捺塗抹検査で認められた皮膚表面のピーナッツ状のマラセチア（倍率×1000）

第3章　耳介を観察する　39

外部寄生虫の検出：テープストリッピング検査ではときにシラミ（図3.5、図3.6）やケダニ（図3.7）など皮膚表層の外部寄生虫も付着することがある。表層に寄生する毛包虫は毛包内に寄生するダ

図3.5　*Trichodectes canis*―犬の刺咬性のシラミ（倍率×40）

図3.6　*Felicola subrostratus*―猫の刺咬性のシラミ（倍率×40）

ニのイヌニキビダニのように面皰を形成することはなく、皮膚掻爬検査では見逃されることが多い。しかし、犬の*Demodex cornei*（図3.8）と猫の*Demodex gatoi*はテープストリッピング検査で検出できることがある。

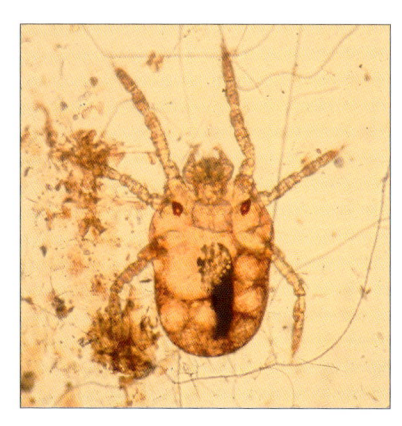

図3.7 *Trombicula autumnalis*の幼虫とシラミ成体は肉眼でも認められ、写真は10倍か20倍の対物レンズで撮影できる（倍率×100）

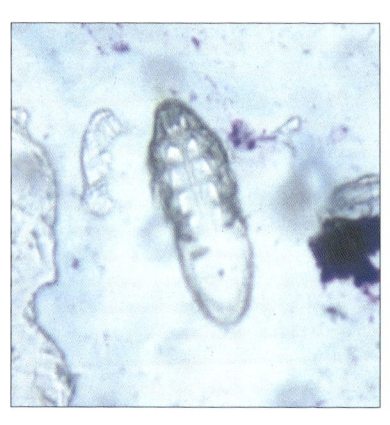

図3.8 肉眼では虫体を認めなかった犬の耳介をテープで押捺したところ、*Demodex cornei*が認められた。対物レンズの倍率は×40（倍率×100）

表層病変の検出：テープストリッピング検査の染色では、本来、無核の角質細胞が認められる。これらは大型で扁平な青または紫色で、シート状あるいはロール状に丸まった形で染色される。しかし、まれに有核の角質細胞が認められることがある（図3.9）。これは錯角化の徴候であり、角化状態の異常を示しているが、亜鉛反応性皮膚疾患や壊死性融解性移動性紅斑などのまれな疾患と同様、外部寄生虫による損傷から生じることがある。

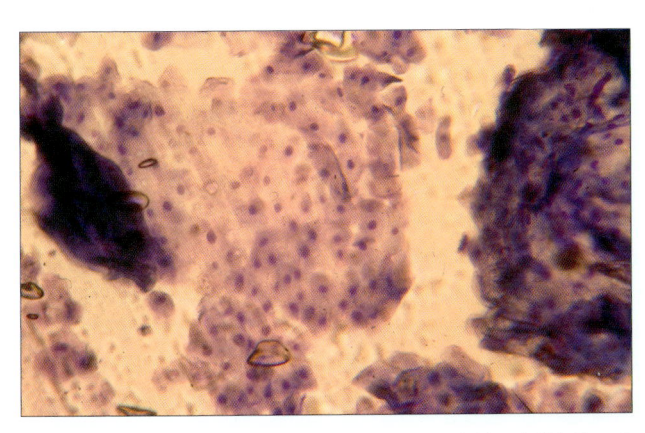

図3.9 テープストリッピング検査で認められた有核の角質細胞。表皮のターンオーバーが亢進していることを示している

膿疱の細胞診

　膿疱は耳介の所見としてはまれである。単独で壊れていない膿疱が他の皮疹とともに存在する場合、押捺塗抹検査はより陳旧な皮疹から材料を採取し、膿疱は生検を実施する可能性があるため残す方がよい。感染症のときに多数の膿疱を認めることは少ない。皮疹が集団で存在する場合には、免疫介在性疾患が関連していることが多い。膿疱内容を採取するときには、滅菌した細い針を注意深く刺し（図3.10）、内容物を清潔なスライドガラス上に押し出す。スライドガラスを熱で固定し、*Diff Quik*で染色する。膿疱の細胞診は細菌性膿疱と無菌性膿疱の鑑別に有用である。感染が存在する場合には、膿疱内容物に変性した好中球と細菌が含まれている。落葉状天疱瘡などの無菌性膿疱性疾患の場合、変性した好中球は比較的少なく、細菌は認められないが、多数の棘融解細胞が存在する（図3.11）。膿疱内容物にマラセチアや毛包虫などの病原体が検出され

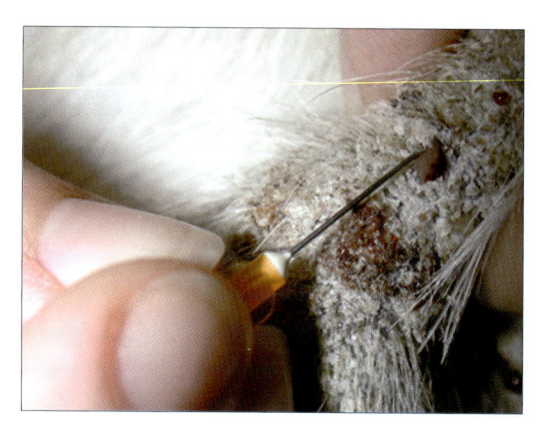

図3.10 細い針を用いた膿疱からの材料採取

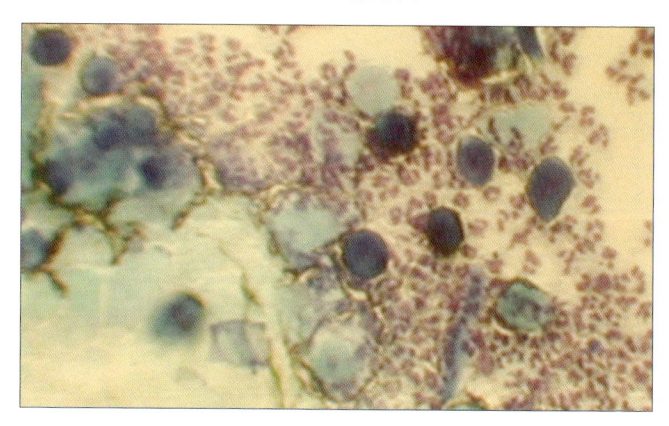

図3.11 落葉状天疱瘡の犬の膿疱から得られた細胞診では棘融解細胞が認められる（倍率×1000）

ることもある。

病変の押捺塗抹検査

耳介表面に丘疹、局面、潰瘍があるときには、押捺塗抹検査が原

第3章 耳介を観察する

発因子を発見する手懸かりとなることがある（**図3.12**）。また、この検査では感染（**図3.13**）や腫瘍の有無について確認することができる。検査材料を熱で固定し、*Diff Quik*で染色して観察する。細

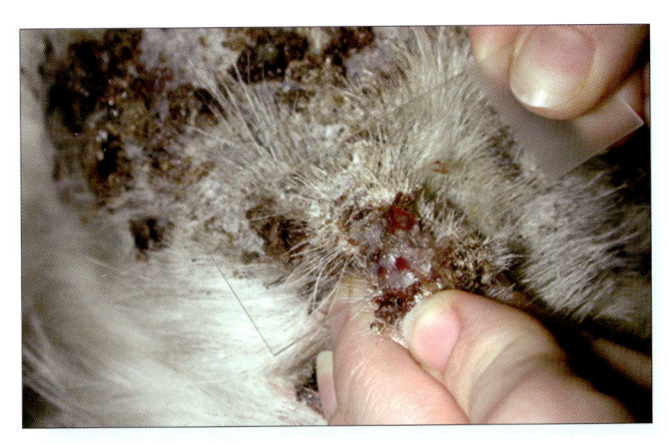

図3.12 潰瘍病変の押捺塗抹検査

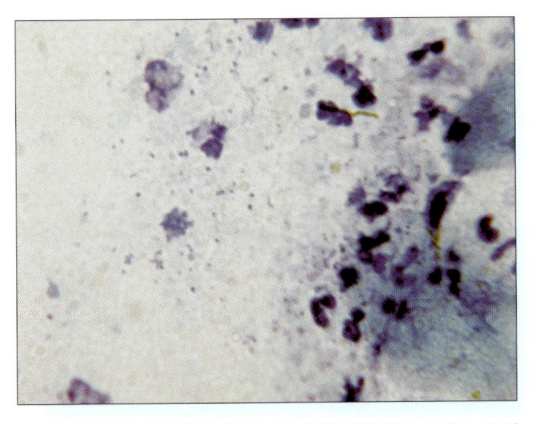

図3.13 球菌と変性好中球の存在は感染症と一致した所見である（倍率×400）

胞の正確な形態学的特徴を把握するためには、高倍率で観察することが必要である。犬の無菌性好酸球性耳介毛包炎では、その名が示す通り、耳介表面に丘疹が形成される。病変の押捺塗抹検査では、微生物は存在せず、好酸球の浸潤が認められる。同様の所見は猫の好酸球性肉芽腫病変でも認められるが、その場合の丘疹はヒゼンダニなどの外部寄生虫に関連している。腫瘍が存在する場合には、異型細胞が検出されることがある。逆に若齢犬の膿皮症のように病変が無菌である場合、細胞診で認められるものはほとんどないが、感染や毛包虫のような外部寄生虫など、重要な鑑別診断を除外するには有用である。

被毛の抜去試験

耳介に脱毛部位がある場合、特に二次性の落屑がみられるときは、被毛の抜去試験を行うと、被毛の成長と痒みの程度に関して重要な情報が得られる（図3.14）。毛根部が休止期を示すときは、毛成長の低下を示しており、潜在する代謝性疾患や内分泌疾患の徴候であることがある。動物は窪んだ耳介頭側面を損傷することが困難であるため、損傷性の脱毛は多くの場合、耳介の尾側面に生じる。抜去した被毛を鉱物油で封入して低倍率で観察すると毛幹の損傷が認められるが、これは瘙痒症があることを示している。毛包角栓は肉眼的にも認められる（図3.15）が、鉱物油に封入して低倍率の顕微鏡で検査しても観察可能である。毛包角栓が多数存在するときには、皮膚糸状菌症、毛包虫症、内分泌疾患、特に甲状腺機能低下症、角化異常症、特に皮脂腺炎などを考える。円形脱毛症では、引き抜いた被毛が感嘆符の形をしており、これをラクトフェノールコットンブルーで染色すると、被毛表面に特徴的な皮膚糸状菌が染色される

第3章　耳介を観察する　45

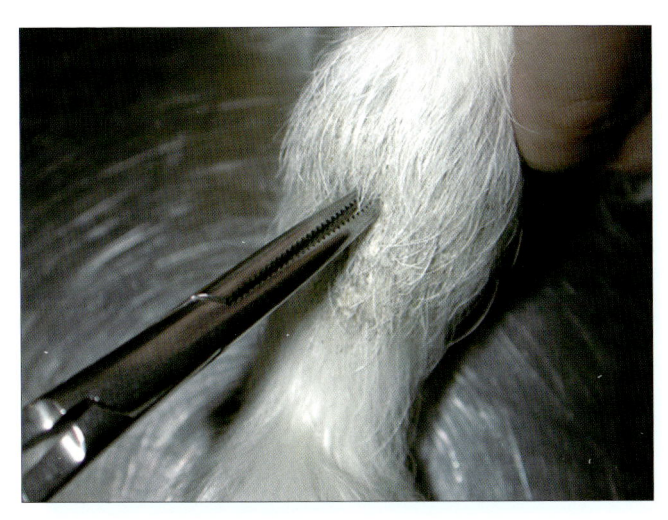

図3.14　鉗子を用いた被毛の抜去

図3.15　被毛の肉眼的検査では多数の毛包の角栓が観察できる

こともある。

生検

耳介の生検は、病変が普通のものではないときや、初期の検査でまれな疾患が疑われたときまで行わない。生検を行う基準は以下の通りである。

- 潰瘍性あるいは水疱性病変（図3.16）
- 腫瘍が疑われる場合
- 適切と思われる治療に反応しない病変
- 普通ではないあるいは重篤な疾患、特に動物の全身状態が悪いとき
- 危険あるいは高価な薬剤を用いる必要があるとき、診断を確定する

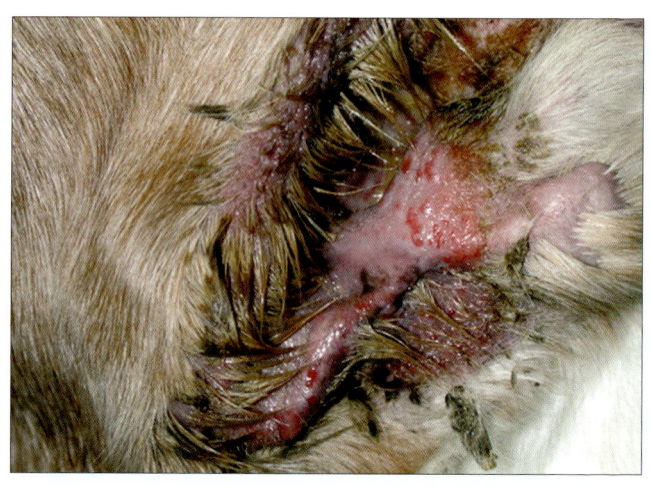

図3.16 水疱性および潰瘍性病変は、早期に生検を行った方がよい

耳介の生検を行うときは、生検後に耳介の変形が生じる可能性があることを飼い主に話しておくことが重要である。例えば水疱などの原発性病変は、可能であれば、全体を採取する方がよい。しかし、生検用トレパンを用いたパンチ生検では適切な縫合が困難なことがあるため、メスを用いて創面が楕円形になるように切除生検を行う方がよい。採取した組織は可能な限り完全な病歴を添付して、経験豊富な皮膚病理組織専門医に送付する。

耳介表面の病変

耳介表面の病変は、潜在する一次的な原因に関する診断の手懸かりを与えてくれる。病理学的過程の初期に形成された病変は原発疹に分類され、原発疹に起因する病変あるいは外傷性病変は続発疹に分類される（**表3.1**）。原発疹の方がより完全な診断的情報をもたらすため、可能な限り原発疹を採取する。

表3.1 耳介に多くみられる病変

原発診	続発診
膿疱	痂皮
面皰	落屑
丘疹	脱毛
小結節	潰瘍
紅斑	局面

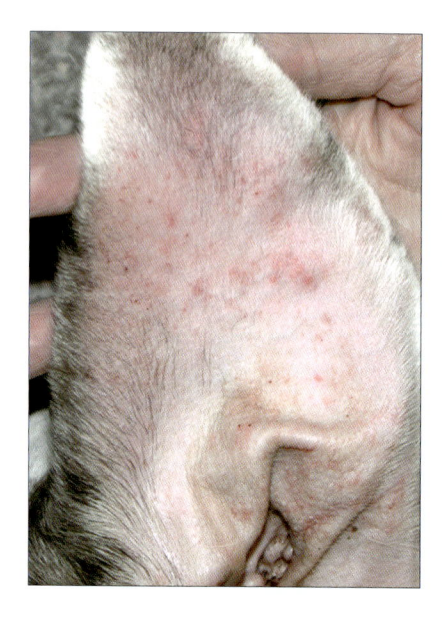

図3.17 ブドウ球菌感染症の犬に認められた耳介の膿疱と丘疹

原発疹

> **検査：膿疱**
> - *Diff Quik*染色で、膿疱内容物の細胞診
> - 免疫介在性疾患が疑われる場合には生検
> - 細胞診で必要が認められたら培養と感受性試験

　膿疱は感染症（**図3.17**）や無菌性免疫介在性疾患のときにみられる。特に膿皮症が存在するときは、対症療法よりも先に原因の究明を行う。耳介の感染性膿疱性疾患の一般的な原因はアレルギー（特にアトピー）、および内分泌疾患（特に甲状腺機能低下症）であ

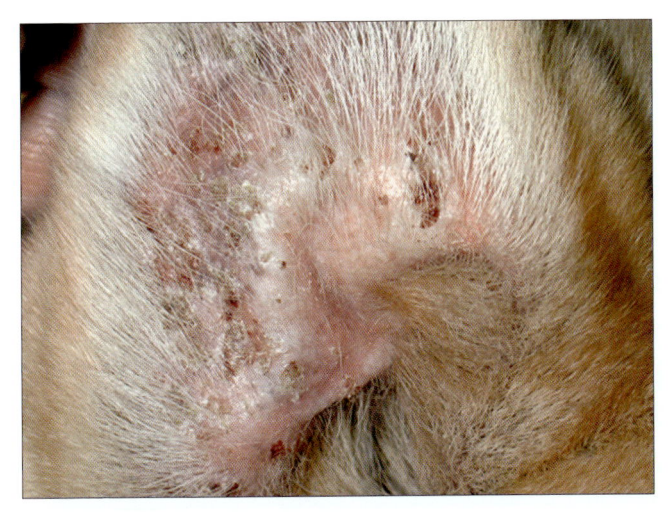

図3.18 落葉状天疱瘡の犬の耳介にみられた膿疱と潰瘍

る。無菌性のときには膿疱の数が多くなる傾向があり、しばしば膿皮症に関連した病変よりも大型である。耳介にみられる無菌性膿疱の最も多い原因は落葉状天疱瘡である（**図3.18**）。

> **検査：面皰**
> ●深部皮膚掻爬検査
> ●周囲の被毛の抜去試験

　面皰は犬猫の耳介にみられる病変としてはまれである。これらは毛包の損傷を示しており、毛包内の寄生虫（特に毛包虫症（**図3.19**））、皮膚糸状菌症などの感染症と内分泌疾患（特に副腎皮質機能亢進症）に関連していることが最も多い。甲状腺機能低下症はそれよりも少ない。

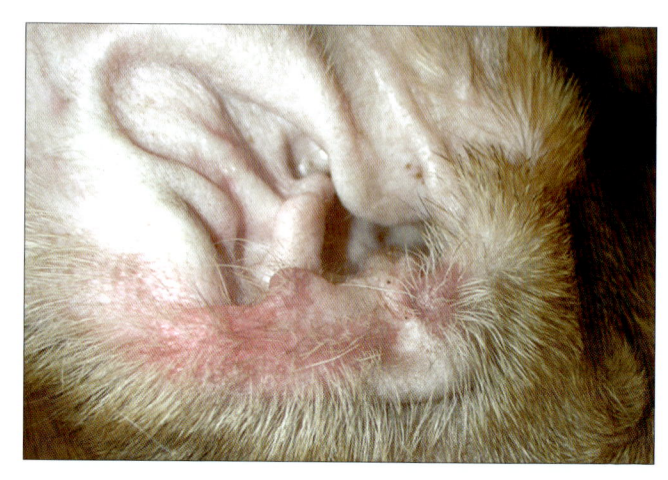

図3.19 耳毛包虫症の犬の耳介にみられた面皰とそれに関連した紅斑

> **検査：小結節と局面形成**
> ●押捺塗抹検査
> ●針生検
> ●生検

　小結節と局面は腫瘍性疾患に最も多くみられる。表3.2と表3.3に、犬猫の耳介に認められる主な腫瘍性病変について詳述した。肉芽腫性病変は腫瘍性病変よりも少ないが、感染に関連して発生することもある。肉芽腫の外観は単独あるいは多発性の小結節であり、しばしば潰瘍化し滲出性である。表3.4には、犬猫の耳介に認められる非腫瘍性小結節性病変の最も一般的な原因を挙げた。

表3.2 犬の耳介に多くみられる腫瘍（1）

腫瘍	年齢	腫瘤	品種特異性
基底細胞腫	平均7〜10歳齢	外向性の増殖、通常直径1〜5cm；真皮との可動性あり、潰瘍と痂皮形成が多い	コッカー・スパニエル、イングリッシュ・スプリンガー・スパニエル、ケリー・ブルー・テリア、プードル、シェットランド・シープドッグ、シベリアン・ハスキー
皮膚組織球腫	若齢、ほとんどが2歳齢未満	若齢犬に多く発生する良性で急速に増殖する腫瘍；境界明瞭、単独のドーム型病変	ボクサー、スコティッシュ・テリア、イングリッシュ・ブルドッグ
血管肉腫	平均10歳齢	日光誘発性：多発性、境界不明瞭、暗赤色あるいは青黒色の局面、2cm未満の小結節 非日光誘発性：単発性、暗赤色あるいは青痣様のスポンジ状腫瘤、10cmまで	ジャーマン・シェパード・ドッグ、ゴールデン・レトリーバー、バーニーズ・マウンテン・ドッグ、ボクサー 日光誘発性疾患は短毛種で皮膚の色が薄い犬種に多い
肥満細胞腫	平均8〜9歳齢	多くは多様な形態で、しばしば3cm未満の単発病変だが、丘疹、有茎性、羽軸状、紅斑性で色素沈着を伴う、直径2、3mm〜数cmのこともある	ボクサー、イングリッシュ・ブルドッグ、ボストン・テリア、イングリッシュ・ブル・テリア、フォックス・テリア、スタッフォード・シャー・ブル・テリア、ラブラドール・レトリーバー、シャー・ペイ、ダックスフンド、ビーグル、パグ、ワイマラナー
乳頭腫	若齢〜中年の犬	複数の葉状の盛り上がった乳頭形成性の増殖物、通常直径は1cm以内	コッカー・スパニエル、ケリー・ブルテリア、雄犬
形質細胞腫	平均10歳齢	免疫細胞の慢性刺激（耳炎など）から二次的に生じると考えられている；境界明瞭、膨隆した平滑で硬いあるいは軟らかい、淡赤色もしくは赤、直径1〜2cm	コッカー・スパニエル

表3.2 犬の耳介に多くみられる腫瘍（2）

腫瘍	年齢	腫瘤	品種特異性
扁平上皮癌	平均9歳齢	増殖性のカリフラワー状あるいは潰瘍性のクレーター状病変、容易に出血、特に日光で傷害された皮膚に認められる	ボクサー、スコティッシュ・テリア、ペキニーズ、プードル、ノルウェジアン・エルクハウンド

表3.3 猫の耳介に多く発症する腫瘍（1）

腫瘍	年齢	腫瘤	品種特異性
基底細胞腫	平均7〜10歳齢	多い腫瘍；単発、境界明瞭、固いものから嚢胞性、直径10cmまで；しばしば潰瘍化し脱毛、多くは色素性	シャム
良性基底細胞腫	成猫	固い円形の隆起性、境界明瞭、しばしば潰瘍化；多くは色素性、直径1〜2cm	ペルシャ、ヒマラヤン、シャム
線維肉腫	ウイルス誘発性では5歳齢未満、非ウイルス性では平均12歳齢	普通にみられ、不整形、結節性、境界不明瞭、悪性腫瘍、大きさは様々で直径1〜15cm、耳介の真皮内に位置 ウイルス誘発性−多中心性 非ウイルス性−単発	品種特異性なし
血管肉腫	平均10歳齢	日光誘発性病変は境界不明瞭、暗赤色あるいは青色のスポンジ状腫瘤、10cmまで	白色猫、特に雄猫は、日光誘発性疾患に対する好発傾向がある

表3.3 猫の耳介に多く発症する腫瘍（2）

腫瘍	年齢	腫瘤	品種特異性
肥満細胞腫	平均10歳齢	普通にみられ、多くは多様な形態だがしばしば多発性、境界不明瞭な膨隆、0.5〜5.0cmのピンクの瘙痒性病変、しかし、多発性の丘疹、局面、小結節、紅斑あるいは白色または黄色、直径２、３mm〜数cmとなることがある；単独の腫瘤となることもある	シャムと雄猫
メラノサイトーマ	平均10歳齢	単発、境界明瞭、固く肌色あるいは黒色、0.5〜4.0cm、脱毛性、表面は多様（有茎ドーム状、乳頭腫状）	品種特異性なし
黒色腫	平均10〜11歳齢	単発、境界明瞭、茶色あるいは黒色、0.5〜5.0cm、脱毛性、しばしば潰瘍化、表面は多様（ドーム状、局面、ポリープ様）	品種特異性なし
サルコイド	1〜2歳齢	単発あるいは多発性、しばしば潰瘍性結節、直径2cm未満	屋外飼育猫、田舎の環境
扁平上皮癌（図3.20）	平均9歳齢	普通にみられ増殖性、カリフラワー様あるいは潰瘍性、クレーター状病変、容易に出血；特に日光による傷害を受けた皮膚に認められる；しばしば皮角が被覆している	日光誘発性変化による白色猫

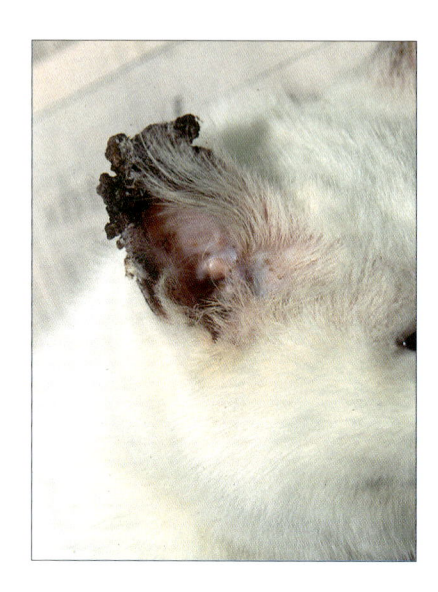

図3.20 高齢の白色被毛を有する猫の耳介にみられた扁平上皮癌

表3.4 犬猫の耳介の非腫瘍性結節病変の原因

原因物質	タイプ
細菌	ブドウ球菌、ノカルジア、アクチノミセス、ミコバクテリア、非定型抗酸菌
真菌	皮膚糸状菌症、皮下真菌症、深部真菌症、(藻類)
寄生虫	マダニ
原虫	リーシュマニア
異物	木材、ガラス、歯片
無菌性肉芽腫性疾患	組織球症、無菌性化膿性肉芽腫性疾患

第3章 耳介を観察する 55

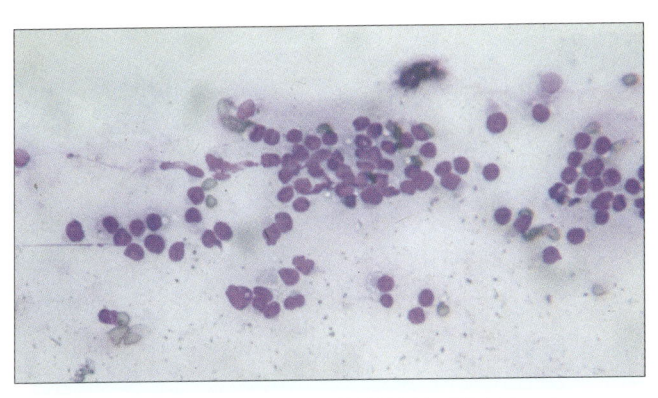

図3.21 上皮向性リンパ腫症例の押捺塗抹標本（倍率×400）

　病変が潰瘍化している場合、病変に存在する細胞の種類を特定するためには押捺塗抹検査が有用である（図3.21）。しかし、針生検（手技については第5章参照）はより多くの情報を得ることができる上に、無麻酔の動物に対して最小限の保定で実施できる。耳介の生検は、針生検よりもさらに多くの情報が得られるが、耳介への損傷が大きいため実施が困難なこともあり、多くの症例で外科的切除が選択される。感染が考えられるときには、他の検査を行う必要があり、病変部から綿球による材料と組織の採取の両方を行い、細菌および真菌培養を行う。

続発疹

　痂皮と落屑は耳介辺縁に限局して、あるいは耳介内側全体を被覆して認められることがある（図3.22）。痂皮は陳旧な乾燥化膿疱病変に関連することが多いのに対し、落屑は一般的に上皮のターンオーバーの亢進に関連しており、炎症性疾患や角化異常症で認められ

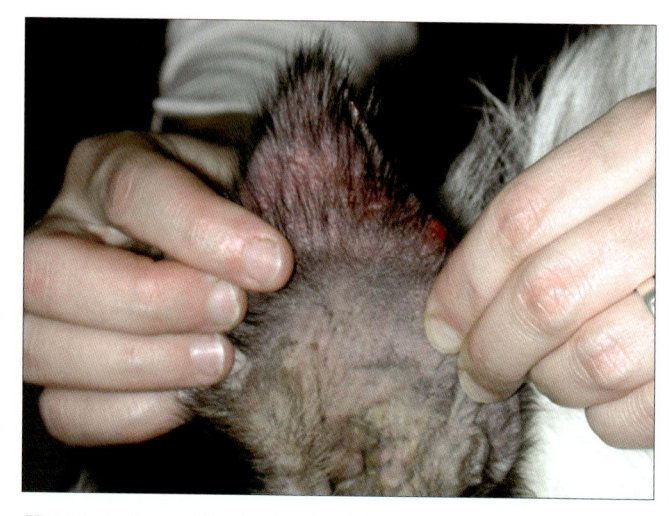

図3.22　重度のヒゼンダニ症の犬に認められた耳介辺縁の自己損傷

> **検査：痂皮および落屑**
> ●深部皮膚掻爬検査
> ●被毛抜去試験
> ●テープストリッピング検査

る。

　落屑が耳介の末梢部にのみ存在するときは、常に外部寄生虫（特にヒゼンダニ、シラミ、ツメダニ）を考える。角化異常症でも同様の症状を示すことがある。甲状腺機能低下症では典型的には、まれに起こる特発性の耳介辺縁皮膚疾患と同様、辺縁部に痂皮を形成する（図3.23）。落屑がより広範囲にみられ、耳介の内側面の大部分に存在するときは、皮脂腺炎などの疾患を考慮する（図3.24）。

第 3 章 耳介を観察する 57

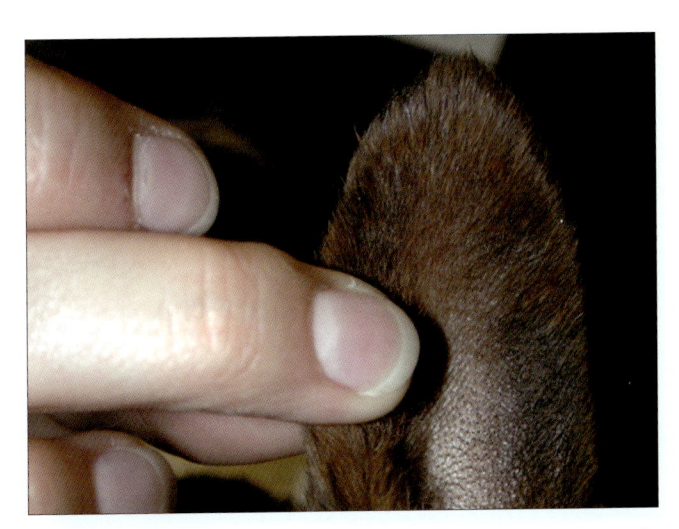

図3.23 甲状腺機能低下症の犬に認められた耳介辺縁の痂皮形成、毛包の角栓、色素沈着

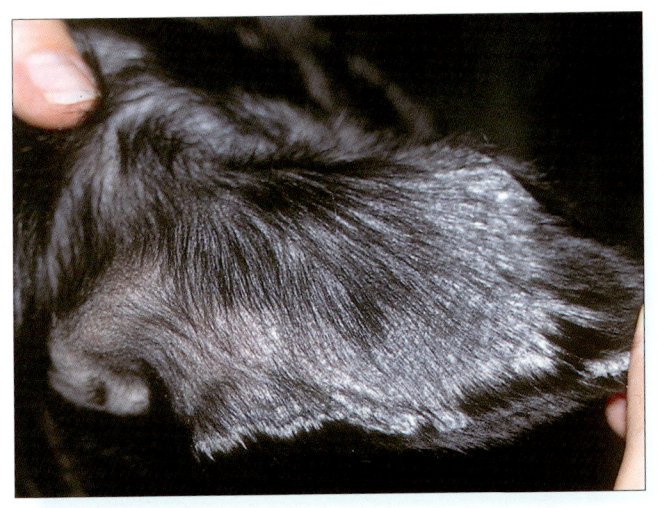

図3.24 皮脂腺炎の耳介の症状で、病変は垂直および水平耳道に広がる

> **検査：潰瘍**
> ●押捺塗抹検査
> ●生検

　耳介の潰瘍は自己損傷が原因で生じることがあり、犬では通常頭を振ること（図3.25）、猫では搔破（図3.26）に関連している。

　潰瘍はアトピーおよび食物不耐性が原因であるアレルギー性耳炎でよく認められる。特発性血管炎、皮膚筋炎、円板状エリテマトーデス（図3.27）などの自己免疫性皮膚疾患、あるいは寒冷凝集素病では、主に身体の末端部に打ち抜いたような潰瘍を生じることがあるが、耳介はこのような疾患の好発部位である。扁平上皮癌など

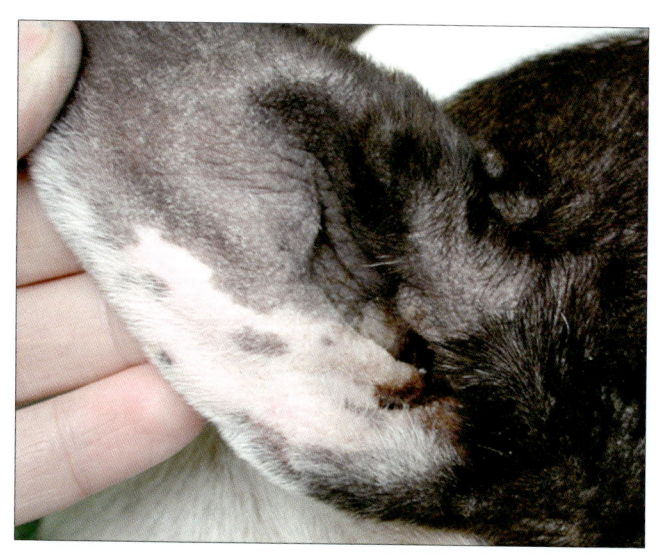

図3.25　アトピーの犬にみられた耳介の自己損傷

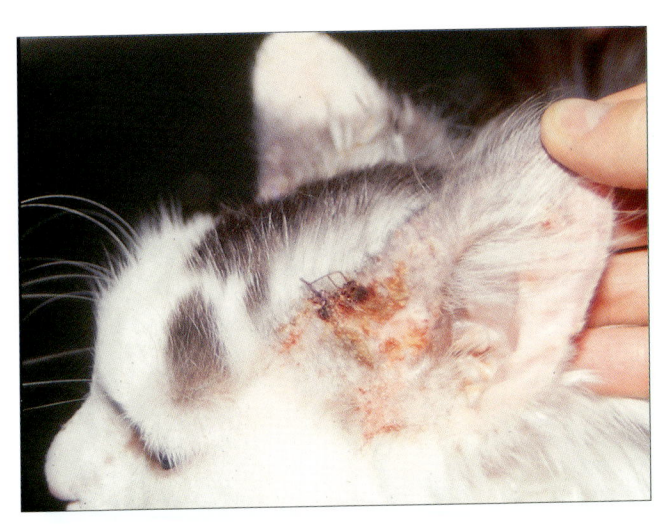

図3.26 アレルギーの猫にみられた自己損傷

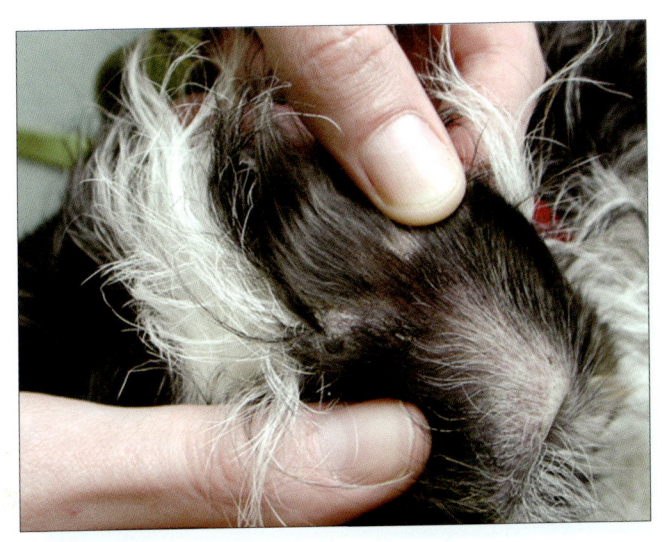

図3.27 円板状エリテマトーデスの犬の耳介に認められた潰瘍化と痂皮形成

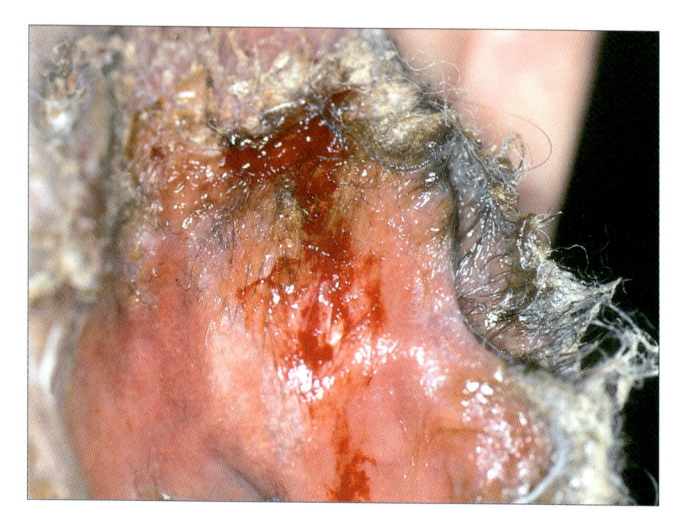

図3.28　耳介内側面に発症したドーベルマンの水疱性類天疱瘡

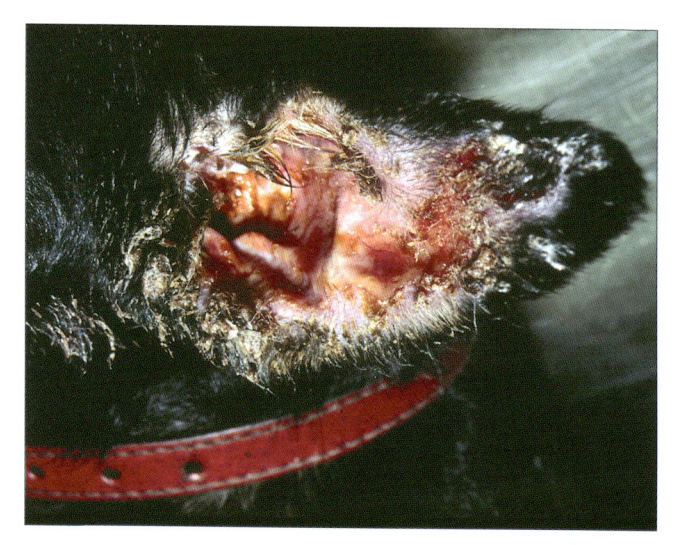

図3.29　多型紅斑の耳介での症状

の腫瘍は耳介部に潰瘍を形成する。これは特に高齢の白色猫に多い。水疱性類天疱瘡（**図3.28**）や多型紅斑（**図3.29**）などの疾患では、耳介の広い領域に潰瘍が生じることがある。

検査：脱毛

●深部皮膚掻爬検査

●被毛抜去試験

●生検

耳介に起こる脱毛は、自己損傷（**図3.30**）によって、あるいは毛包の損傷に関連して生じる可能性がある。脱毛は皮脂腺炎で認められる落屑など、他の病変と併発することも、また単独で生じるこ

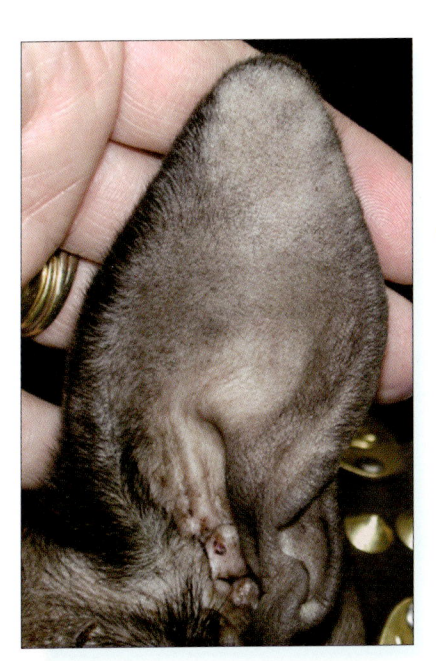

図3.30　アレルギーの犬が頭を振ることが原因で生じた、耳介の境界明瞭な脱毛

ともある。感染性の損傷は皮膚真菌症で一般に認められる（図3.31）。円形脱毛症は甲状腺機能低下症（図3.32）などの内分泌疾患と同様、免疫介在性の毛包の萎縮と被毛喪失を生じる。炎症、特

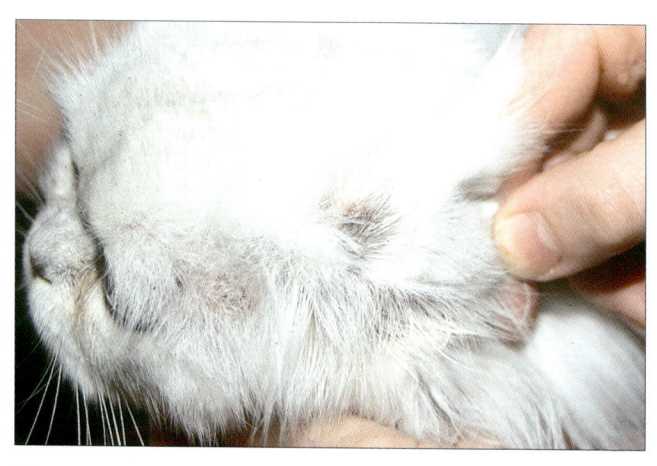

図3.31　猫の耳介にみられた皮膚糸状菌症の症状

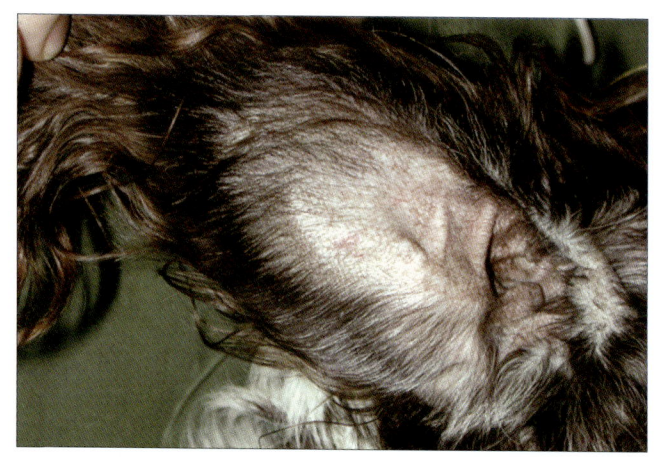

図3.32　甲状腺機能低下症の犬に認められた耳介辺縁部のびまん性脱毛

第3章 耳介を観察する

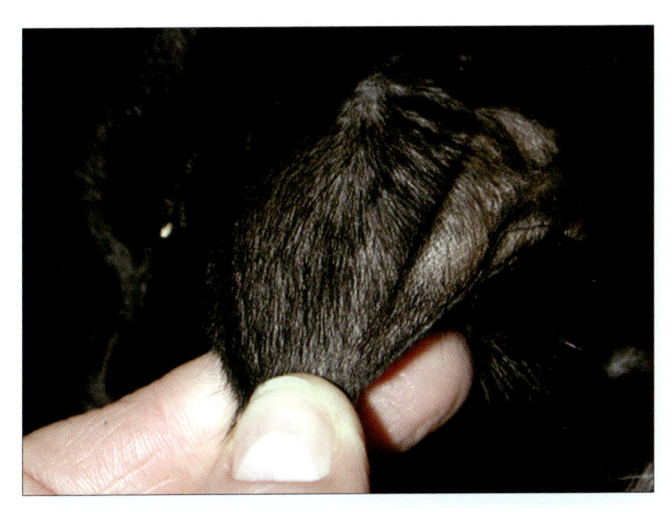

図3.33 アトピーの猫に認められた、炎症から生じた耳介外側面のびまん性脱毛

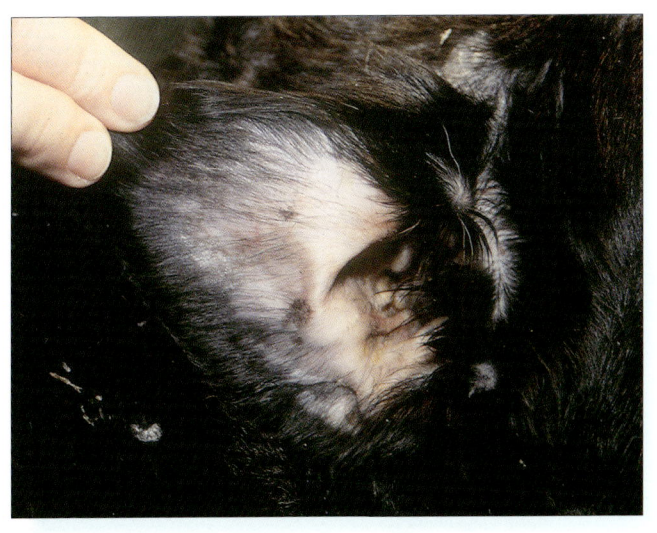

図3.34 上皮向性リンパ腫の犬にみられた耳介の脱毛と落屑

にアレルギーが原因のときは、毛包の萎縮と脱毛が生じる。これはアレルギーの猫の耳介の一般的な所見である（**図3.33**）。上皮向性リンパ腫など毛包を標的とする腫瘍でも、耳介部の脱毛と落屑がみられることがある（**図3.34**）。

> **検査：紅斑**
> ●テープストリッピング検査

紅斑、発赤はアレルギー（特にアトピー（**図3.35**））に関連していることが最も多い。食物アレルギーでも同様に発赤が認められるが、食物アレルギーがアレルギー性耳炎の原因となっていることはまれである。急性疾患での発赤で唯一存在する症状は、強く頭を振ることだけである。一方、発赤が脂漏症を伴う場合には、通常マラ

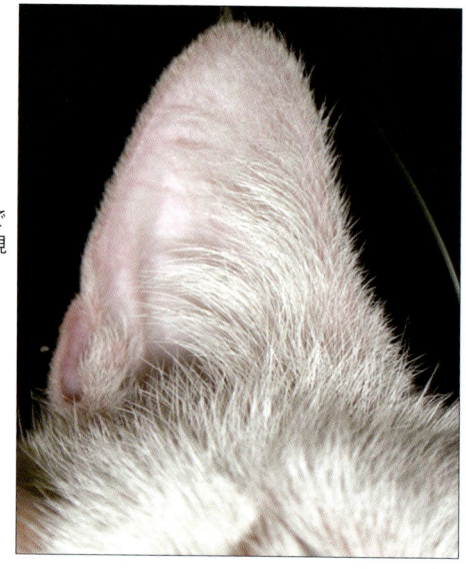

図3.35　アトピーの猫で最も初期の症状として現れた耳介の発赤

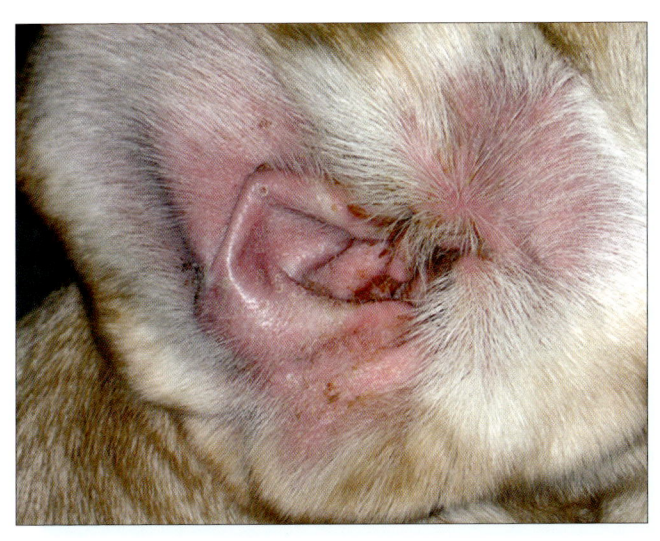

図3.36 マラセチア感染症を合併したアレルギー性耳炎で認められた著しい発赤と脂漏症

セチアが合併因子となっている（図3.36）。

参考文献

Angarano DW (1988). Diseases of the pinnae. *Veterinary Clinics of North America* **18**, 869–884.

Goldschmidt MH and Shofer FS (1992). *Skin Tumours of the Dog and Cat* (eds MH Goldschmidt and FS Shofer). Pergammon Press, New York.

Gotthelf LN (2000). *Small Animal Ear Diseases*. W.B. Saunders Company.

Harvey, RG, Harari J and Delauche AJ (2001). *Ear diseases of the Dog and Cat*. Iowa State Press.

第4章 耳道を検査する

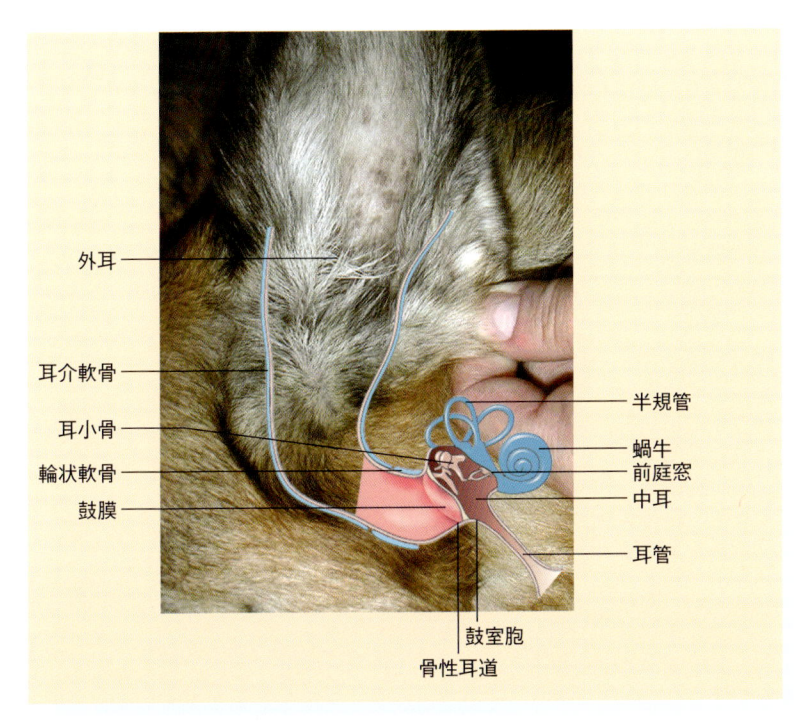

図4.1 外耳道全体の横断面を示すための模式図

　耳道を検査するときには、耳の構造についての一般的な解剖学に関するある程度の知識をもつことが重要である。**図4.1**には外耳道および鼓膜より奥（鼓膜が完全な状態の正常な耳ではみることができないのが普通である）の構造を示した。

耳道の検査

　耳道の詳細な検査を実施するためには、適切な光源となる器具が必要である。適度な光源と、理想的には、1つ以上の拡大レンズをもつ耳鏡（**図4.2**）が不可欠である。外耳炎の動物の耳を検査する前に、耳道および鼓膜の正常な解剖学を十分に把握しておくことも重要である。毛や正常量の耳垢を伴うことも伴わないこともある正常な耳（**図4.3**）と、活動期の炎症や耳垢が過剰産生されている耳を鑑別できることが特に重要である。そのためには、ルーチンな外科手術のために収容された麻酔下の動物で機会を捉えて耳の検査をすることが役立つ。麻酔下で耳道に痛みを感じない動物は、正常な耳道構造を把握できるようになるための優れた被験体である。正常

図4.2　光源と付属品を備えた適切な耳鏡は耳の検査に不可欠である

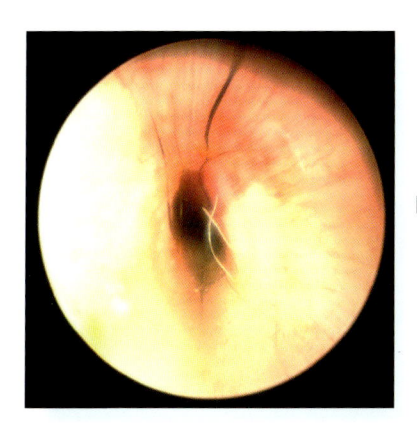

図4.3　正常な耳道

な耳道は細かい表在性の血管を伴う薄いピンク色をしている。毛は水平耳道と比較すると垂直耳道の方が多いのが普通である。痛みのある耳炎の耳を検査する場合は、動物を適切に保定することが重要になることがあり、鎮静や症例によっては全身麻酔を行うこともある。

　最初の検査では、耳道を清潔にせずに実施する必要がある。しかし十分な視野を確保できないときは、耳を洗浄することもある（第6章参照）。ただし鼓膜を確認することができない場合は、洗浄剤の選択に配慮する必要がある。多くの洗浄剤は聴器毒性を示すため、鼓室の正常性について疑いがある場合には、唯一完全に安全な洗浄剤は水である。異物の存在が疑われるときは、洗浄することで異物が鼓膜を通過し、中耳に押し込まれる危険性があるため、強力な洗浄を避けることも重要である。

　耳道を検査する際に役立つチェックリストとしては以下の項目が

ある。
- 腫脹、潰瘍、紅斑、浮腫および過形成を観察するため、耳道壁を検査する（図4.4、図4.5）。

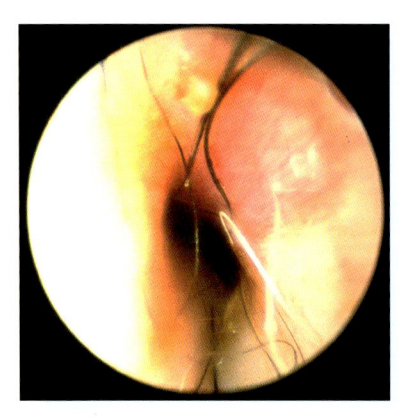

図4.4　耳道の発赤および浮腫

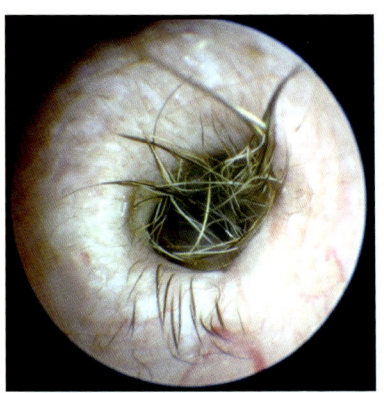

図4.5　耳道の軽度の過形成

- 狭窄症（図4.6）および腫瘤（特にポリープ）や異物の確認のため、耳道の内腔を検査する（図4.7）。耳道内に固着性の塊や、耳垢による閉塞がないか確認する（図4.8）。
- 鼓膜を検査する。正常な耳の場合、鼓膜は乳白色もしくは淡青色である。正常な耳の場合、ツチ骨柄の輪郭が鼓膜の中央面に達しているのが認められる。鼓膜の背側部分は膜を越えて走行する小血管網を含む不透明な、淡紅色あるいは白色の弛緩性の膜であり、弛緩部を形成している（図4.9）。これより下部が鼓膜の大部分を形成し、薄い灰色で不透明な構造を示す緊張部である。罹患した耳の場合、鼓膜は暗色化し、多くの場合は褐色を帯びて肥厚す

第 4 章　耳道を検査する　71

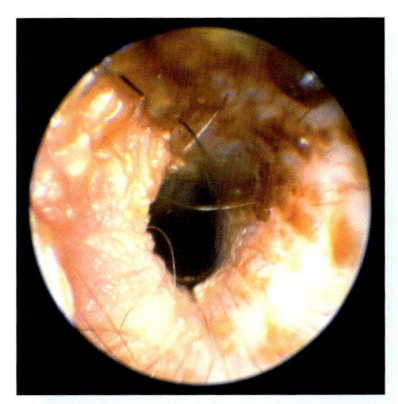

図 4.6　長期の持続性炎症に起因する耳道の狭窄症

図 4.7　耳道内の異物（草のノギ）

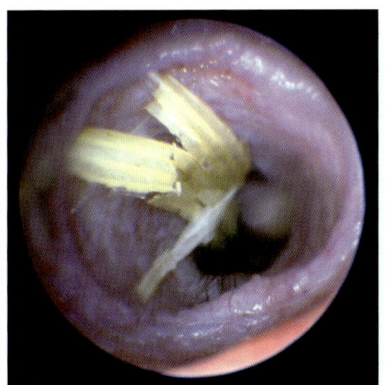

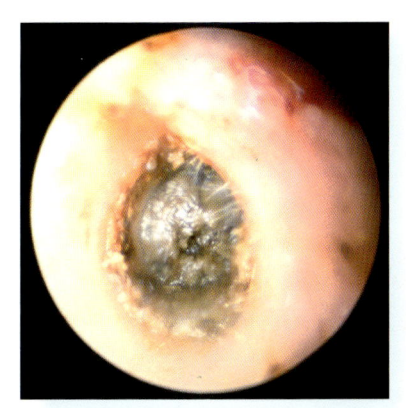

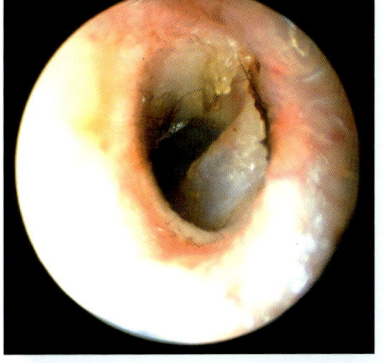

図 4.8　耳道の狭窄症およびワックス様耳垢の貯留

図 4.9　完全な鼓膜をもつ正常な耳道

る（図 4.10）。鼓膜の欠損や欠如は中耳炎を示唆している。

素因はそれ自体では耳の疾患を起こさないが、外耳炎の発症を助長する。素因となる多くの因子は耳の構造と関連しており、耳道の

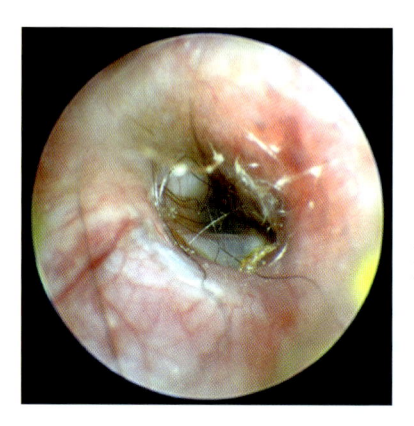

図4.10 急性外耳炎で耳道の発赤および腫脹を示す。鼓膜の一部が肥厚および白色化している

検査で確認することができる。基礎的な誘発因子に対処せず個々の素因を治療しても、耳の問題の改善に至ることはまれである。しかし、症例を総合的に管理する上での一つの要因としてこれらの素因を認識する必要がある。

素因
解剖学的構造

解剖学的構造は重要な因子である。耳道の狭窄化および狭窄症は通常、シャー・ペイ（図4.11）などの犬に好発し、耳の疾患を起こしやすくする。プードルなど耳道に毛の多い犬、バセット・ハウンド（図4.12）など垂れた耳の犬や、スパニエル（図4.13）など毛が多く陥凹の明瞭な耳介をもつ犬も、耳疾患を発現させやすい傾向にある。ただし主となる誘発因子にも対処していかなければ、このような構造上の問題を補正する治療が効を奏すのはまれである。このことは毛の多い耳をもつ動物のときに特に当てはまる（図4.14）。

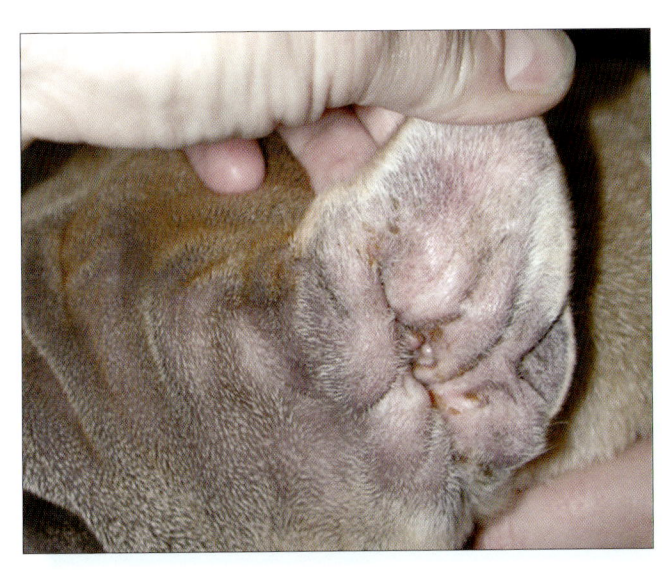

図4.11　シャー・ペイの耳道の狭窄症

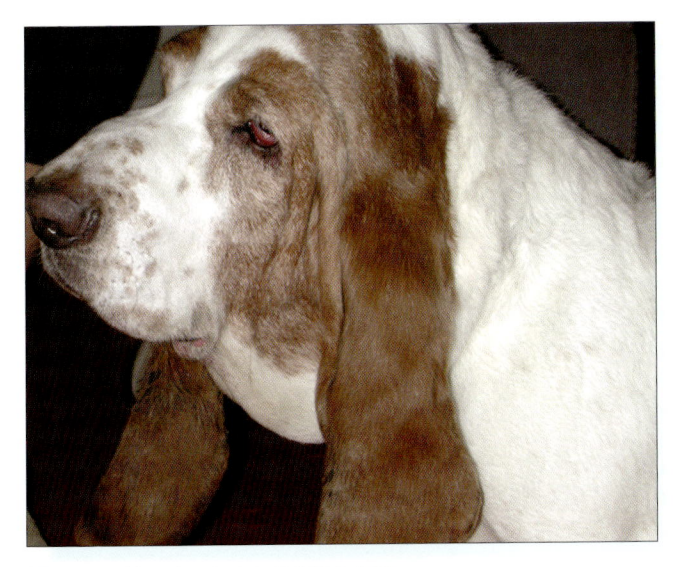

図4.12　バセット・ハウンドの垂れた耳

定期的に耳の毛を抜くことは、外耳炎症例の管理に役立つことがある。しかし、多くの場合、そのような治療では短期間しか動物の状態を改善しないので、飼い主の不満の原因となる可能性がある。確かに、多くの犬は耳に毛が多いが、必ずしも耳の疾患を示すことはないというのも事実である（図4.15、図4.16）。

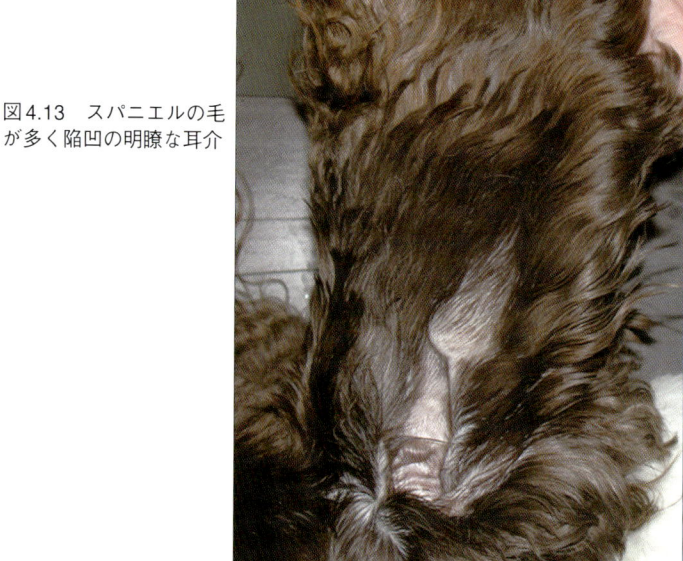

図4.13　スパニエルの毛が多く陥凹の明瞭な耳介

第4章 耳道を検査する 75

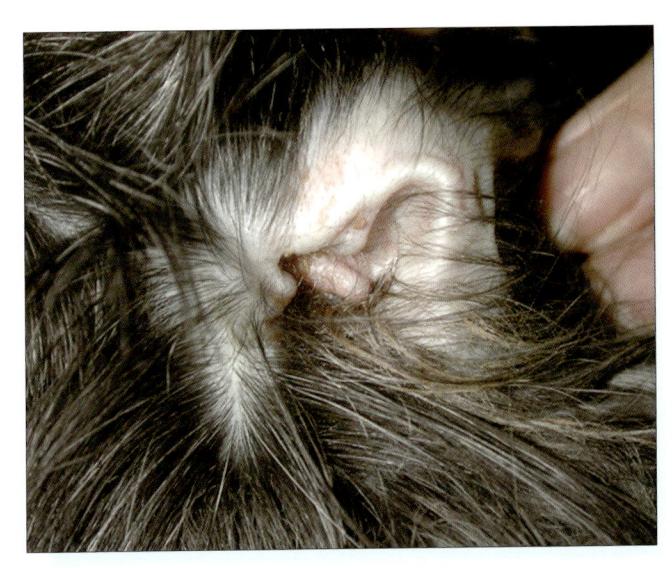

図4.14 スパニエルの毛が密な垂直耳道

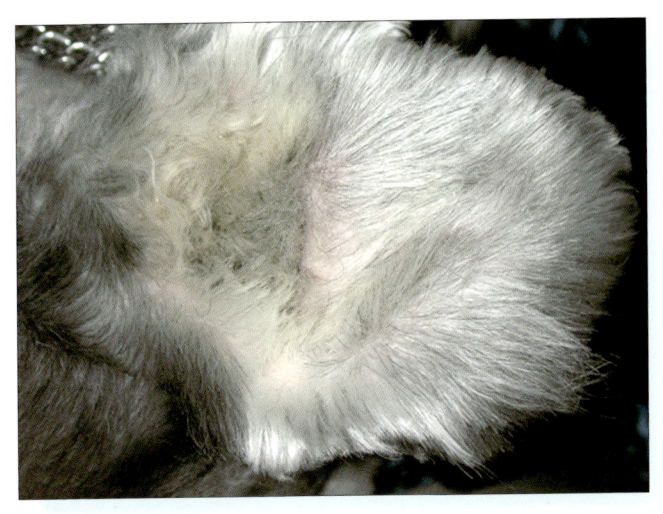

図4.15 毛の多い耳道は換気を妨げ、耳疾患が起きやすい

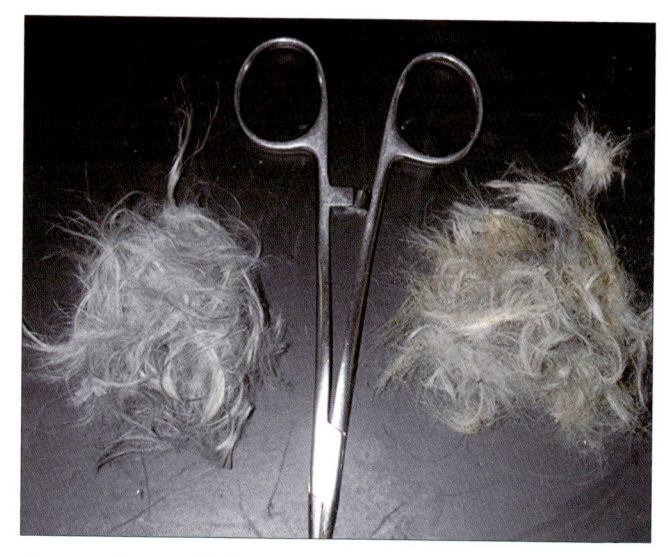

図4.16 両耳から引き抜いた耳の毛。右側の変色した毛は酵母菌に感染しており、反対側の耳は正常である

過度の湿気

通常、水泳による耳の中の過度の湿気は「水泳後の耳」と呼ばれている。これは特に猟犬で普通にみられる（**図4.17**）。耳道の湿気は皮膚をふやけさせる。この状態では、アレルギーを併発し、マラセチア感染を誘発させるような炎症反応が起こらない限り、疾患とはならない。耳道内に水溶性の洗浄剤を定期的に使用したり、入浴中に耳に水を入れたときには、同様の問題が生じる可能性がある。

治療による結果

通常治療自体が好発素因である。不適切な洗浄および治療は軽症

図4.17 「水泳後の耳」は水に潜るのを好むアレルギーの猟犬に普通に認められる

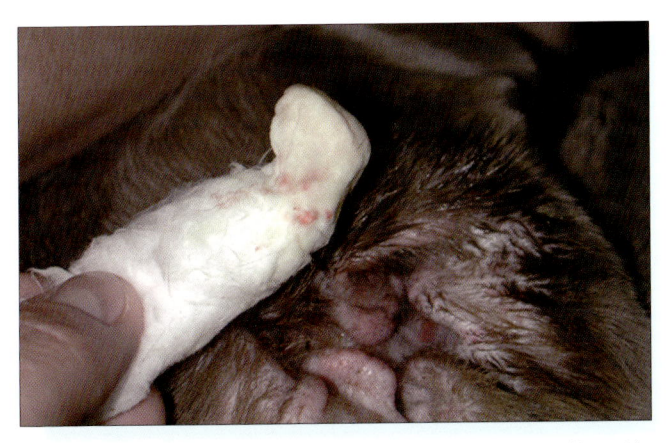

図4.18 乾綿を用いると軽く清拭しても、炎症を起こした耳道では潰瘍や出血が起きる可能性がある

の疾患を重症化させる可能性がある。一般的に、医原性外傷は特に乾綿を用いた、必要以上の耳の洗浄が原因となっている（**図4.18**）。

刺激性のある耳用製剤としては、ペット・ショップ・パウダーの使用、自宅での耳の洗浄、そして過敏なアレルギーの耳に対する強力な耳垢融解剤の使用があげられる。また、耳の細菌叢の適切な評価をせずに複数の抗生物質を含有する製剤を使用すると、重複感染が起きる可能性がある。

閉塞性耳疾患

閉塞性耳疾患は主要な原発性の発症要因である。しかし、他の因子が存在しない限り、耳道内で緩徐に大きくなる腫瘤に対して多くの動物は疾患を起こさない。閉塞性耳疾患が起きる可能性のある原因としては、水平・垂直耳道（図4.19）のポリープ、中耳（特に猫の場合、鼻咽頭）に由来するポリープ、耳の腫瘍、さらには非腫瘍性増殖物があげられる。他にも多くの腫瘍は耳介に発生するが、

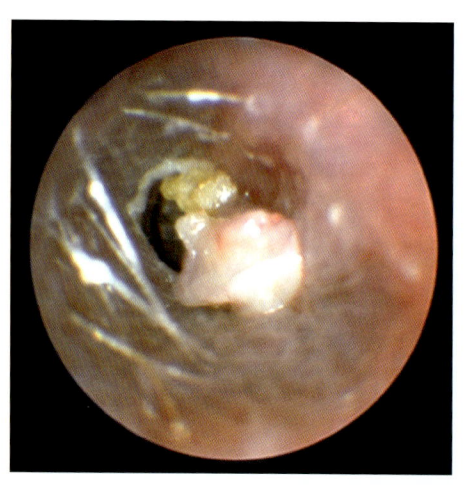

図4.19　犬の耳道内のポリープ

これらについては既に第3章で述べた。新たに発生した腫瘍と同様に、長期にわたって耳の疾患が継続していた部位に腫瘍が生じることはまれではない。犬と猫の両方に起きる主要な腫瘍について、**表4.1**および**表4.2**に詳述した。良性腫瘍は、耳道の内腔を進行性に閉塞させる傾向がある。良性腫瘍の増殖は緩徐な傾向があるため、外耳炎の発症は遅い。扁平上皮癌および耳垢腺腫瘍などの悪性腫瘍はかなり急速に増殖し、閉塞性よりも潰瘍性および侵襲性である。悪性腫瘍は治療に非反応性、片側性で、しばしば悪臭を伴う分泌物の様相を呈する。瘙痒感や疼痛を伴うこともある。悪性腫瘍は中耳を巻き込む傾向があるため、根治的外科手術が必要である。そのような症例では全耳道切除術を選択する。良性腫瘍が垂直耳道に限局して存在するときは、外側壁切除術で十分なことがある。これらの手技の説明については、外科学の成書を参照のこと（参考文献参照）。

表4.1　犬の外耳道をおかす主な腫瘍

良性
- 乳頭腫
- 基底細胞腫
- 耳垢腺腫瘍
- 形質細胞腫
- 皮脂腺腫

悪性
- 耳垢腺癌
- 扁平上皮癌
- その他の癌

表4.2　猫の外耳道をおかす主な腫瘍

良性
- 乳頭腫

悪性
- 耳垢腺癌
- 扁平上皮癌
- その他の癌

耳道を閉塞する可能性のある非腫瘍性疾患には感染性疾患がある。その中でも特に細菌性化膿性肉芽腫および真菌性肉芽腫が重要であるが、好酸球性肉芽腫などの免疫介在性疾患もある。

耳道内の腫瘤の診断検査には以下のものがある。

- **押捺塗抹検査**：押捺塗抹検査は病変が感染性か腫瘍性かを確かめるのに役立つ。清潔で乾燥した顕微鏡用スライドガラスを病変部に押しつける。標本を熱で固定し、*Diff Quik* で染色してから鏡検を行う。細胞の形状を正確に把握するには、高倍率で観察する。感染症が存在するときには、炎症性細胞浸潤がみられ、しばしば病原体が認められる。腫瘍性病変が存在するときは、異型細胞が観察される。

- **針による吸引細胞診**：材料を採取するには、20または21ゲージの注射針と5または10mlのシリンジを用いる。注射針を病変部に刺入し、シリンジの内筒を引いて吸引する（図4.20）。シリンジの内筒をシリンジ容量のおよそ50％まで引き、それから元に戻す。注射針を抜去せず、腫瘤内で針の位置を変えながら、先の手順を繰り返す。腫瘤から注射針を抜去する前に3〜4回この操作を実施し、注射針をはずす。内筒を引いてシリンジに空気を充塡する。注射針を再度装着し、シリンジの内容物を清潔な顕微鏡用スライドガラス上に押し出す。材料を熱で固定して染色するが、採取した材料が過剰に存在するときは薄く広げるために2枚目のスライドガラスで塗抹するか、新しい滅菌注射針を使って広げる。

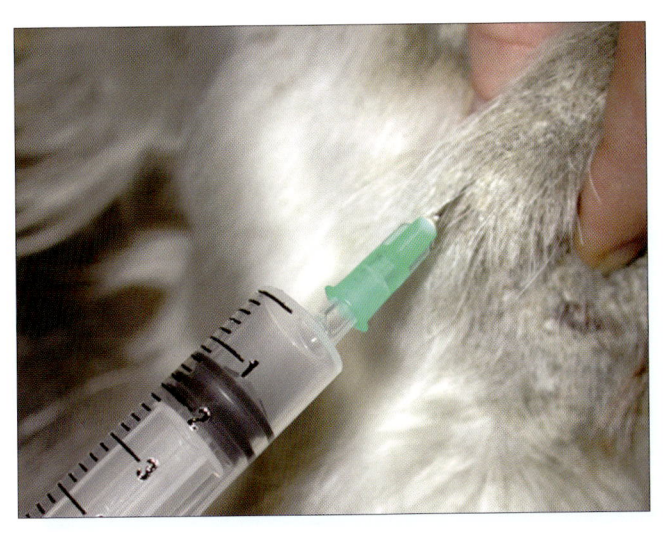

図4.20　結節病変の細い針による吸引生検法

全身性疾患

　犬と猫の両種ともに、免疫抑制が誘発されるような全身性疾患では、原発性耳垢性耳炎に罹患しやすくなる。FeLVおよびFIVなどのウイルス感染症は猫における誘因となる可能性があり、それら自体が細菌および酵母感染症の両方に罹患しやすくなる。

参考文献

Gotthelf LN (2000). *Small Animal Ear Diseases.* W.B. Saunders Company. Philadelphia.

Harvey RG, Harari J and Delauche AJ (2001). *Ear diseases of the Dog and Cat.* Iowa State Press.

Kristensen F, Jabobsen JOG, Eriksen T (1996). *Otology in Dogs and Cats.* Leo Pharmaceuticals.

London CA, Dubilzeig RR, Vail DM *et al.* (1996). Evaluation of dogs and cats with tumors of the ear canal: 145 cases (1978–1992). *Journal of the American Veterinary Medical Association* **208**, 1413–1418.

第5章　耳垢を検査する

　分泌物の検査は有用であり、関連している菌体の種類についての手懸かりをもたらすことがある。これは適切な細胞診や培養および感受性試験に代わるものでは決してないが、その結果が得られる前の初期の診察時に、薬剤を処方するガイドとしての役割を果たすことができる（**表5.1**、**図5.1**）。

表5.1　耳の分泌物および可能性のある基礎的な原因

分泌物の種類	可能性のある原因
乾いたコーヒーかす様	ミミヒゼンダニ
湿潤した褐色の滲出物	ブドウ球菌、マラセチア
膿状で黄色あるいは緑色の滲出物（悪臭のある）	グラム陰性菌、特に緑膿菌
耳垢（しばしば無臭）	アレルギー、内分泌、角化異常、*Bacteroides*属

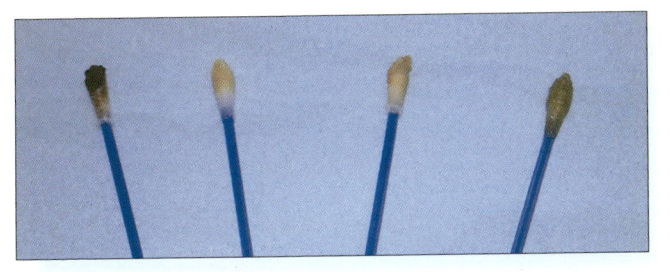

図5.1　左手から右に向かってミミヒゼンダニ，ブドウ球菌，緑膿菌，*Bacteroides*属の4種類の異なる感染による耳由来の分泌物

感染症は、一次的な原因が同定され、処置されたあとであっても、耳の問題を起こし続ける持続因子としての役割を果たす（図5.2）。この持続因子の調査および適切な治療は重要であるが、感染症は原発因子一次的な原因の改善に取り組まない限り再燃する。初期の細菌感染症はグラム陽性菌である傾向があり、通常レンサ球菌属かブドウ球菌属かのいずれかである。感染症が再発する場合には、さらに抵抗性の強いグラム陰性菌叢、特に緑膿菌属であることが多い。

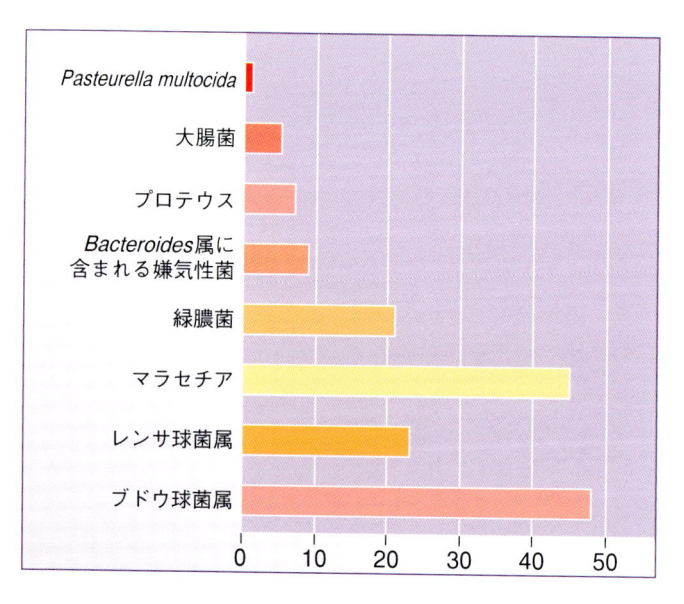

図5.2　著者の病院で1999～2001年の間に治療した200頭の犬で同定された細菌の割合（データはAxiom研究所の厚意による）

持続因子

細菌

　グラム陽性菌であるブドウ球菌属およびレンサ球菌属は、外耳炎の耳から普通に培養され、外耳炎の最初の数回の症状発現時に最も一般的に認められる（**図5.3**）。プロテウス属および緑膿菌属などのグラム陰性菌は外耳炎の一般的な原因ではなく、外耳炎が慢性化したような耳にコロニーを形成する傾向があり、特にスパニエルではグラム陽性菌からグラム陰性菌へ遷移する（**図5.4**）。

　*Bacteroides*属などの嫌気性菌は、多種の抗生物質を使用されてきた慢性症例で最も頻繁に認められる。

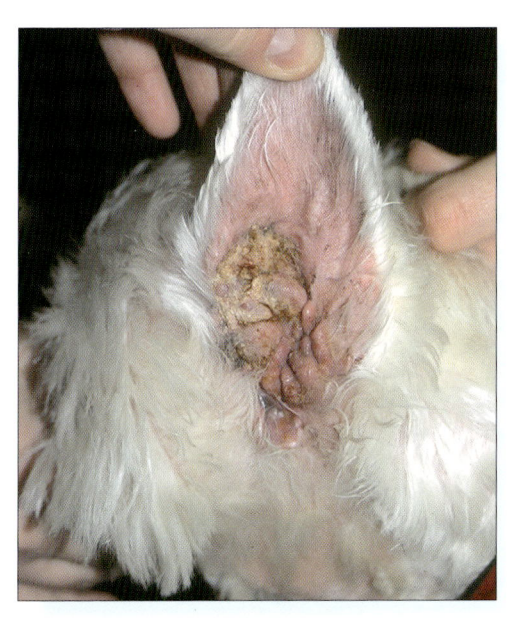

図5.3　ウエスト・ハイランド・ホワイト・テリアにみられた二次的なブドウ球菌感染症

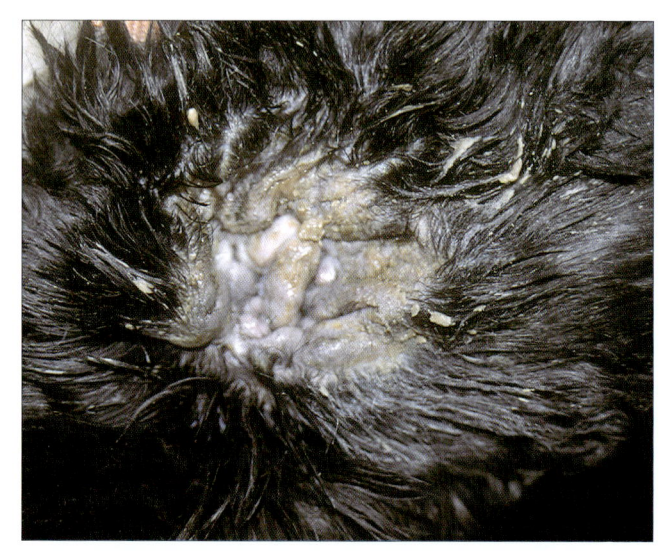

図5.4 スパニエルの耳にみられた緑膿菌感染症

酵母菌

　酵母菌は外耳炎における感染性菌体として普通に検出される。マラセチアは最も頻繁に認められ、耳からの細胞診で紫色に染色されるピーナッツ様菌体として容易に同定できる。バセット・ハウンドはマラセチアの二次感染を高率に発症する（**図5.5**）。細菌の存在を伴わずに酵母菌が同定されたときは、耳垢の培養は不要である。経験的な治療で十分に成功する（第8章参照）。マラセチア属が単独で分離されることも、ブドウ球菌属およびレンサ球菌属の混合感染として検出されることもある。*Candida albicans*は外耳炎と関連することはまれである。

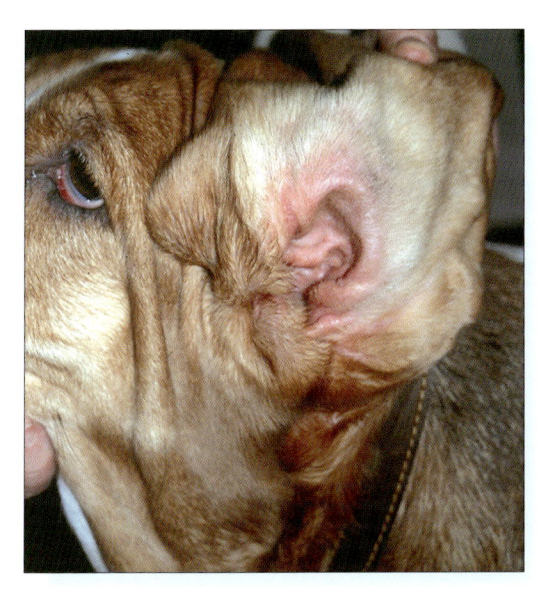

図5.5 バセットの耳にみられたマラセチア感染症

進行性の病理学的変化

　進行性の病理学的変化は、持続因子として作用する可能性がある。外耳炎の初期段階では、過形成や浮腫などの変化は可逆性である。したがって、感染症を初期の段階でコントロールする必要があり、その後に急性炎症を緩和させるため外用ステロイド製剤を正しく適用する。また、慢性症例では、耳道の線維症および石灰化が生じることが多い。このような長期にわたる変化が存在すると、進行性の変化は不可逆性になり、矯正的外科手術が必要となる（**図5.6**）。

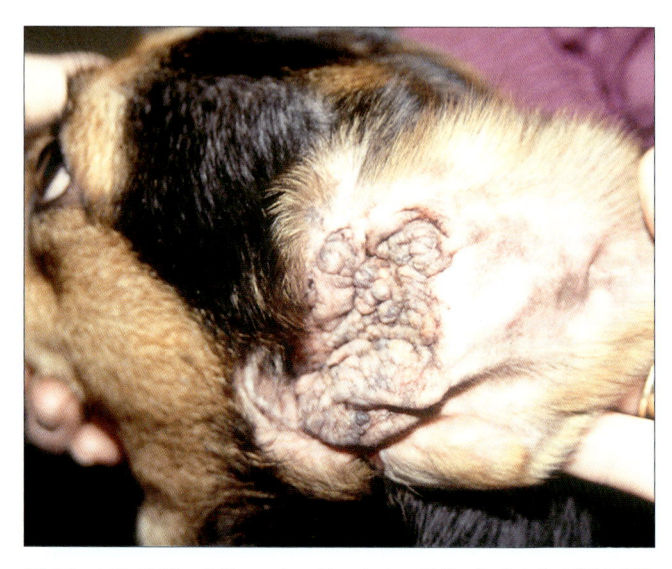

図5.6　アレルギーのジャック・ラッセル・テリアにみられた耳の慢性不可逆性変化

中耳炎

中耳炎は見逃されがちだが、慢性症例の90％以上に存在している。見逃してしまうと、これは重要な持続因子であるため再発の原因となる。

中耳炎の臨床所見
- 最も一般的には外耳炎と同様の症状を示す—頭を振る、疼痛
- 斜頸、運動失調、眼球振盪、脳神経障害の神経学的所見はまれであり（**図5.7**）、そのような所見は通常内耳炎に関連している

第5章 耳垢を検査する　89

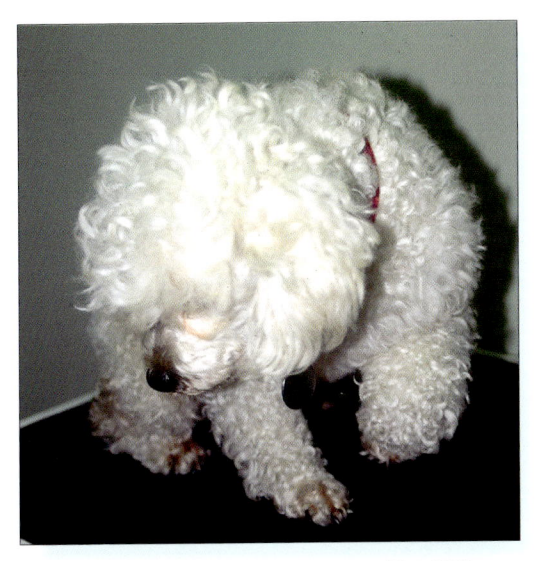

図5.7　中耳炎に罹患した犬の斜頚および旋回運動

　中耳炎を診断するために、様々な検査方法を用いる。これらにはX線検査、耳鏡検査、気密耳鏡検査法、ティンパノメトリー、および聴覚反射がある。ＣＴスキャンは診断の一助として、専門病院で一般的に用いられる。中耳炎の多くの症例では、鼓膜には障害がみられない。中耳炎の診断をするための最も信頼できる検査は、鼓膜切開を行って中耳から培養用および細胞診用の材料を採取することである（図5.8）。細胞診および培養により、細菌あるいは酵母菌の感染が明らかになれば、中耳炎と診断することができる。中耳炎の耳は丁寧に洗浄する必要があり（第6章参照）、感染症を改善するために培養および感受性試験に基づいた局所および全身療法の両方が必要である（第7、8、10章参照）。中耳炎の合併症には、内耳炎（感染症は卵円窓を経て内耳を巻き込むようにして伝播する）、

およびコレステリン腫の形成がある。コレステリン腫は鼓膜の嚢胞性陥入で、鼓室が炎症を起こした中耳の粘膜と癒着するときに「偽耳」を形成すると考えられている。

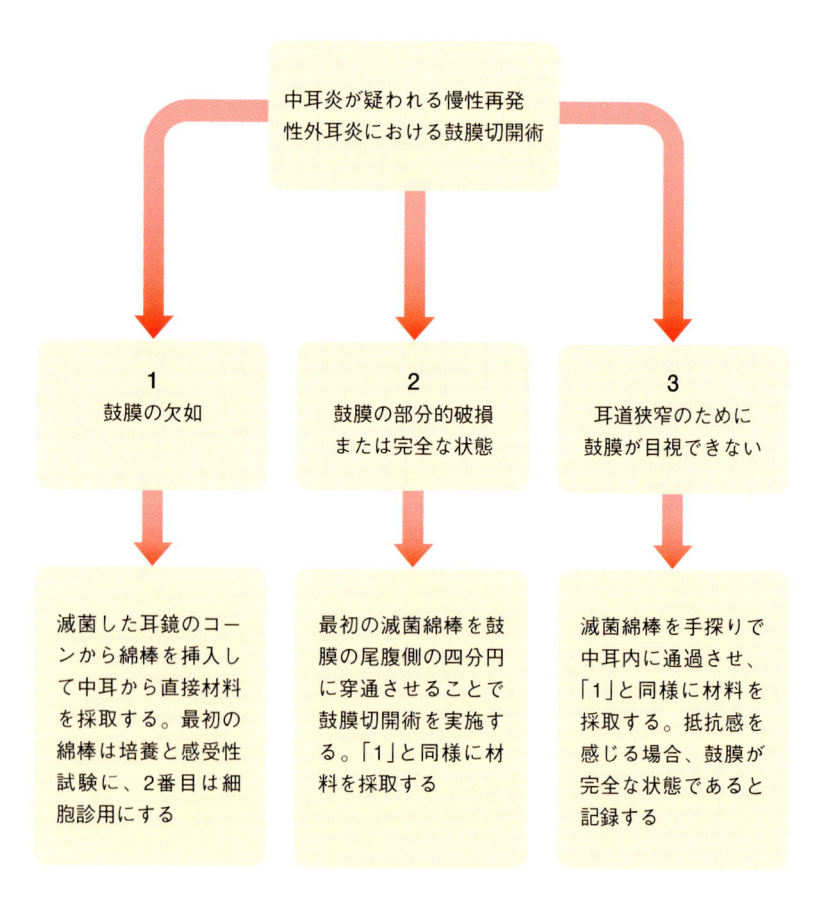

```
                中耳炎が疑われる慢性再発
                性外耳炎における鼓膜切開術
                ┌───────────┼───────────┐
                ▼           ▼           ▼
              1             2             3
           鼓膜の欠如     鼓膜の部分的破損   耳道狭窄のために
                          または完全な状態   鼓膜が目視できない
```

1	2	3
滅菌した耳鏡のコーンから綿棒を挿入して中耳から直接材料を採取する。最初の綿棒は培養と感受性試験に、2番目は細胞診用にする	最初の滅菌綿棒を鼓膜の尾腹側の四分円に穿通させることで鼓膜切開術を実施する。「1」と同様に材料を採取する	滅菌綿棒を手探りで中耳内に通過させ、「1」と同様に材料を採取する。抵抗感を感じる場合、鼓膜が完全な状態であると記録する

図5.8　中耳炎を検査するための鼓膜切開術

耳垢の診断検査
綿棒による材料採取の準備

　耳垢の検査材料は、耳の洗浄を行う前に採取する必要がある。可能な時は水平耳道からも材料を採取する。水平耳道から材料を採取するときは、耳鏡の内腔に挿入した綿棒で、耳垢を採取する（図5.9）。細胞診により培養が必要と判断されたら、細菌学的検査用に2本目の綿棒により再度耳垢を採取する。病原菌は左右の耳で異なっている可能性があるので、材料を両耳から採取することが重要である（図5.10）。

図5.9　耳鏡を用いて水平耳道または中耳から綿棒で材料を採取する手技

　綿棒に一定の圧力を加えながら、清潔な顕微鏡用スライドガラスの上で、慎重に回転させ、軽く熱で固定する。両耳からの材料は

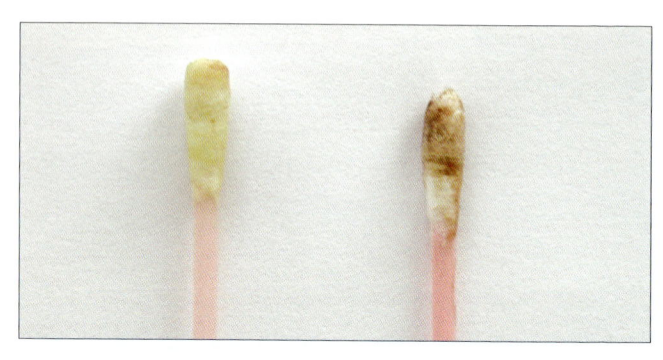

図5.10 両耳の綿球に付着した分泌物は肉眼的検査に異なるため、感染もそれぞれ異なる

別々のスライドガラスで検査しても、同一のスライドガラス上で検査を実施してもよい（**図5.11**）。1枚のスライドガラスを使用する場合、右耳からの耳垢をスライドガラスの一端上に塗抹し、左耳の耳垢を反対側に塗抹する。それからスライドガラスを染色せずに直接観察し、その後 *Diff Quik* 染色する。

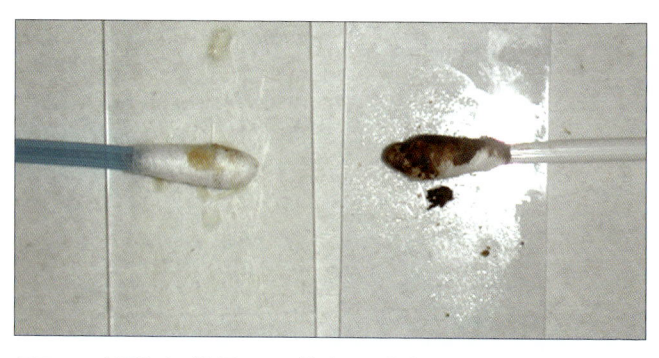

図5.11 右耳および左耳からの綿球を顕微鏡用スライドガラス上で慎重に回転させる

スライドガラスを低倍率下で鏡検すると、染色の程度と細胞浸潤

の程度が鑑別できる。スライドガラスに付着した材料に細胞成分が少なく耳垢だけのときは、青や紫に染まる炎症性細胞湿潤が多いときに比べて染色が薄い（**図5.12**）。材料を高倍率で鏡検するときは、乾燥した染色済みのスライドガラス上にレンズ用オイルを滴下することで実施することができる。

図5.12　左耳由来の材料を染色すると感染症と一致する細胞浸潤がみられ、右側は染色されなかった

綿球材料による検査

耳垢の直接的な検査により、ミミヒゼンダニやイヌニキビダニなどの寄生虫を除外することができる。耳垢が厚いときには水酸化カリウムや流動パラフィンを加えることにより発見が容易になる。*Diff Quik*またはグラム染色で染色した耳垢は、酵母菌や細菌だけでなく細胞の種類も同定できる（**表5.2**）。落葉状天疱瘡などの免疫介在性疾患を疑うときには、典型的な棘融解細胞が認められることがある。耳の腫瘍が存在するときは、腫瘍細胞がみられることがある。

表5.2 耳の分泌物検査の細胞診所見

耳の状態	*Diff Quik* の染色状況	細胞の種類
正常な耳（図5.13）	あまり染色されない	少数の無核の鱗屑 白血球は全く認めず
細菌感染症 ブドウ球菌/レンサ球菌（図5.14）	青染	有核および無核の鱗屑 しばしば中毒性の好中球、慢性的なマクロファージ
緑膿菌/大腸菌/プロテウス/嫌気性菌（図5.15）	青染	有核および無核の鱗屑 しばしば中毒性の好中球、慢性的なマクロファージ
酵母菌感染症 マラセチア（図5.16、図5.17）	青染された鱗屑	有核および無核 好中球およびマクロファージ
無菌性角化障害 例）アレルギー、甲状腺機能低下症（図5.18）	あまり染色されない	有核および無核の鱗屑、加えて破片
腫瘍	青染	まれに腫瘍細胞が耳垢内に脱落していることがある
寄生虫 ニキビダニ（図5.19、図5.20、図5.21）	青染 無核の鱗屑	様々な程度の炎症性浸潤
ミミヒゼンダニ（図5.22）	あまり染色されない	

key : hpf = high power field

細菌	酵母菌	寄生虫
少数の球菌、桿菌は認めず	少数の青染されたピーナッツ状の酵母菌、マラセチア＜5-10/hpf	存在せず
塊状や連鎖状の多数の青色染された球菌。ブドウ球菌はレンサ球菌よりも大きい。	正常な耳ほど少数	存在せず
多数の青色染された桿菌。	正常な耳ほど少数	存在せず
少数の球菌、桿菌は存在せず	多数の青染されたピーナッツ状の酵母菌 マラセチア＞10/hpf	存在せず
少数の球菌、桿菌は存在せず	正常な耳ほど少数	存在せず
様々な所見	正常な耳ほど少数	存在せず
様々な所見	正常な耳ほど少数	ニキビダニの成虫あるいは卵
通常存在しない	正常な耳ほど少数	ミミヒゼンダニの成虫あるいは卵

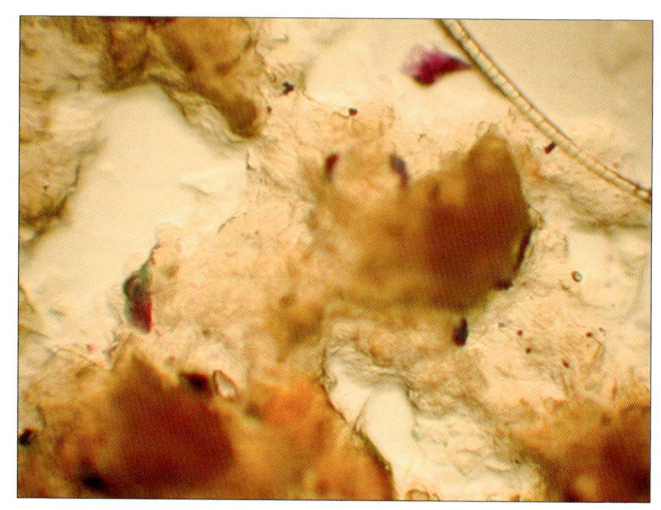

図5.13 正常な耳由来の耳垢の顕微鏡所見（倍率×40）

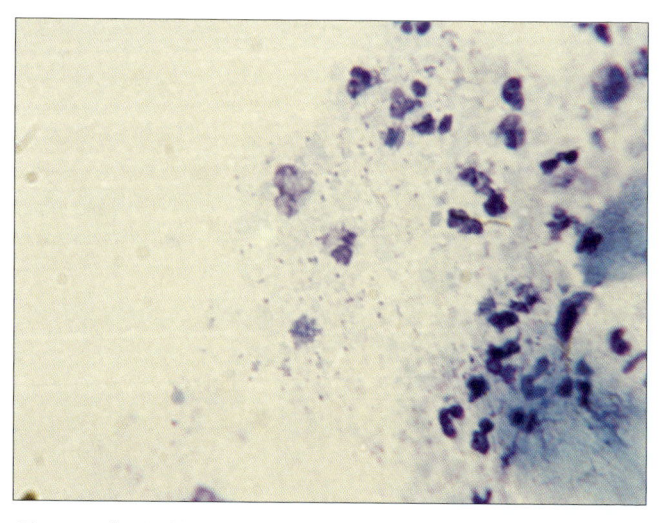

図5.14 ブドウ球菌による細菌感染症に認められた典型的な変性好中球と球菌（倍率×400）

第5章 耳垢を検査する 97

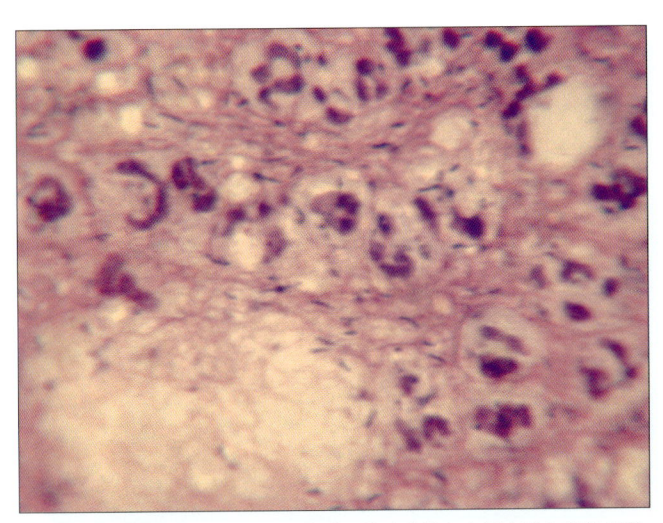

図5.15 緑膿菌感染症の耳の細胞診。強く変性した好中球と桿菌が認められた(倍率×1000)

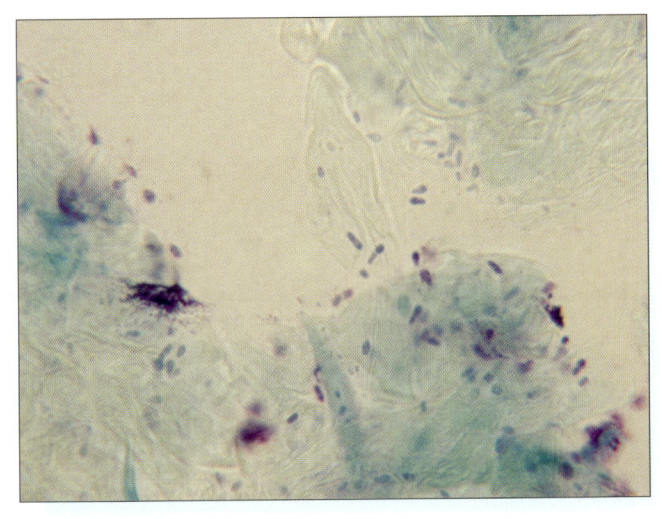

図5.16 感染した耳由来の耳垢内に明らかに染色されたマラセチア酵母(倍率×1000)

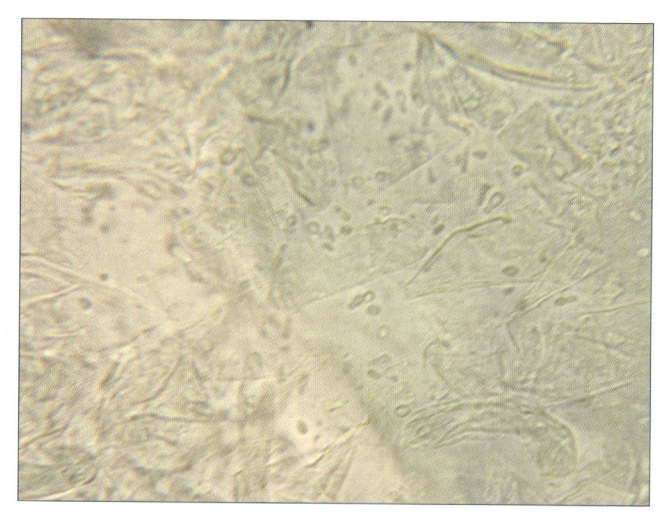

図5.17 多数のマラセチアが存在するが、染色されなかったため観察が困難である（倍率×1000）

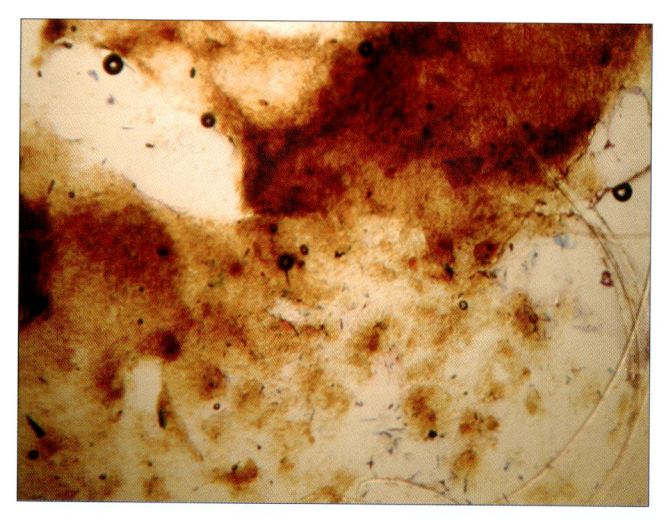

図5.18 厚いワックス様の分泌物の低倍率所見。角化異常症の犬にみられた細菌を伴わない青色に染色された角質（倍率×500）

第5章 耳垢を検査する

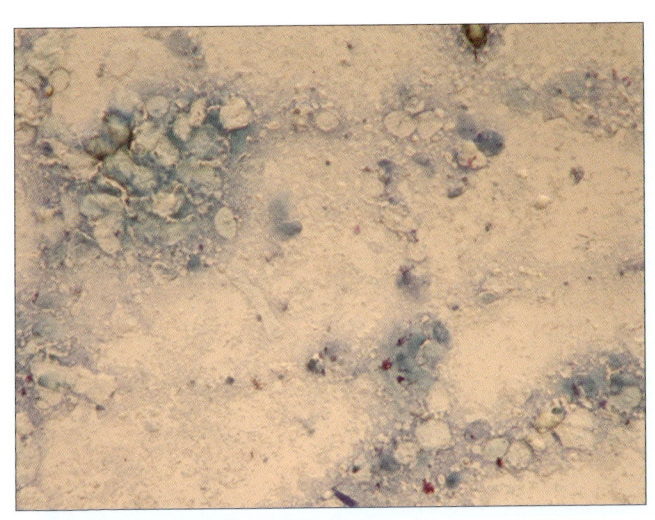

図5.19 感染した耳由来の分泌物の低倍率所見で図5.16の分泌物と比べると、炎症性細胞浸潤に加えて細菌も明らかに染色されている（倍率×500）

図5.20 耳垢中にニキビダニ成虫が認められる（倍率×200）

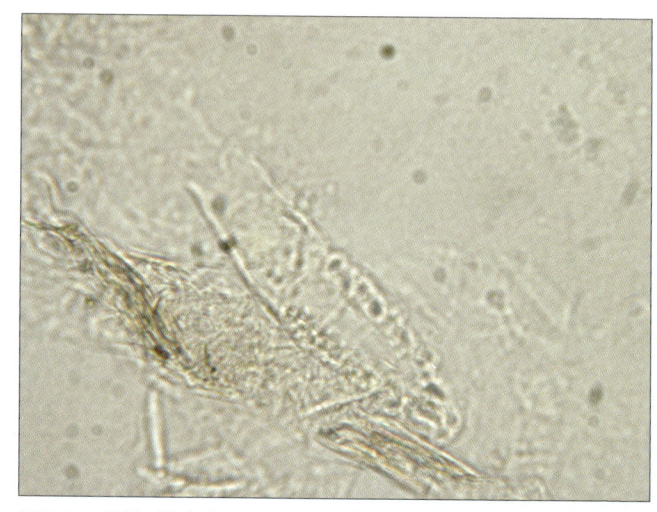

図5.21 背景が染色されていなければ、ニキビダニの成虫は観察が困難である（倍率×200）

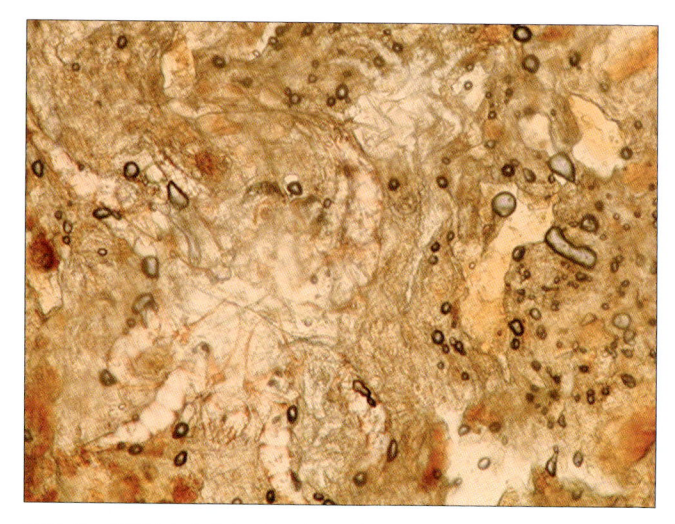

図5.22 耳垢中にミミヒゼンダニが明らかに観察される（倍率×100）

培養および感受性試験

培養および感受性試験の結果は、細胞診の所見と併せて考える。細胞診を行わずに培養検査を行ってはならない。しかしながら、細胞診で桿菌がみられたときや細菌が混在しているときは常に培養を実施する。細胞診で酵母菌や球菌がみられるときに培養が必要なことはまれである。

参考文献

Cole LK, Kwochka KW, Podell M and Hillier A (2000). Evaluation of radiography, otoscopy, pneumotoscopy, impedance audiometry and endoscopy for the diagnosis of otitis media in the dog. *In Advances in Veterinary Dermatology* **4**, eds Thoday KL, Foil CS and Bond R, pp. 49–55.

Griffin CE (1993). Otitis externa and otitis media. In *Current Veterinary Dermatology*, eds CE Griffin, KW Kwochka and JM Macdonald, pp. 245–262. Mosby, St Louis.

Little CJL and Lane JG (1989). An evaluation of tympanometry, otoscopy and palpation for assessment of the canine tympanic membrane. *Veterinary Record* **124**, 5–8.

Little CJL, Lane JG, Gibbs C and Pearson GR (1991). Inflammatory middle ear disease in the dog, the clinical and pathological features of cholesteatoma, a complication of otitis media. *Veterinary Record* **128**, 319–322.

Little CJL, Lane JG and Pearson GR (1991). Inflammatory middle ear disease in the dog, the pathology of otitis media. *Veterinary Record* **128**, 293–296.

第Ⅱ部　治療法を選択する

第6章 耳洗浄剤を選択する

外耳炎の治療を開始するときに不可欠な最初のステップは、完全に耳を洗浄することである。多くの洗浄剤は耳の中が清潔なときに最も適しているように作られている。しかし、その中には酸性環境よりもむしろ中性環境で有効に作用するものがあるので、洗浄剤を選択するときには耳の洗浄剤についての知識およびそれらのpHについて知ることが必要である。また、鼓膜が損傷しているときに安全な製品かどうかや、傷害があるときに聴器毒性が十分に検討されているかも重要である（**表6.1**）。耳を洗浄するときの4つの基本原則について**図6.1**に要約する。

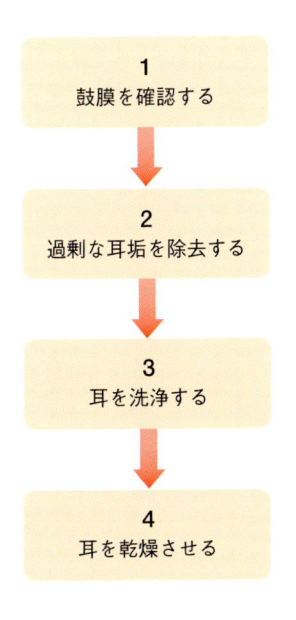

```
1
鼓膜を確認する
   ↓
2
過剰な耳垢を除去する
   ↓
3
耳を洗浄する
   ↓
4
耳を乾燥させる
```

図6.1　耳の洗浄の基本4原則

表6.1 外耳炎に用いられる洗浄剤

薬剤	聴器毒性が不明な薬剤	鼓膜の損傷時に聴器毒性を示す薬剤	鼓膜の損傷時に聴器毒性を示さない薬剤[1]
耳垢溶解剤		スルホコハク酸ジオクチルナトリウム／カルシウムカルバミン酸過酸化物	
潤滑剤	グリセリン	オレイン酸トリエタノールアミンポリペプチド凝縮物 プロピレングリコール	スクアレン
洗浄剤		ポビドンヨード ＞0.05％クロルヘキシジン	水 滅菌生理食塩水 0.05％クロルヘキシジン 2.5％酢酸 EDTA-トリス
乾燥剤	乳酸 リンゴ酸 安息香酸 サリチル酸 ケイ酸／ 酢酸アルミニウム	イソプロピルアルコール	2.5％酢酸 ホウ酸

[1] 鼓膜が損傷しているときは水または滅菌生理食塩水以外に完全に安全なものはない。この表中の製品は公表済みのデータに基づき聴器毒性が低いと考えられた。

鼓膜の開存性の評価

耳の洗浄剤や乾燥剤と同様に、適切な耳垢溶解剤を選択するため

第6章　耳洗浄剤を選択する

には、鼓膜が完全かどうかを確認することが重要である。それには光源付きの適切な耳鏡またはビデオ耳鏡が必要である。耳に疼痛や知覚過敏があるときに、検査を行うには、深い鎮静や全身麻酔が必要になることもある。しかし、動物が適切に保定されているときであっても、水平および垂直耳道内の耳垢の堆積、洗浄後の残余物（**図6.2**）あるいは感染性分泌物が存在する場合には、鼓膜の検査ができないことがある。また、臨床所見が6ヵ月以上にわたって認められるような慢性外耳炎の症例では、二次的な合併症として中耳炎が存在する可能性が高い。そのような症例では、確定診断のために鼓膜切開術が必要である（第5章参照）。鼓膜切開術を行った症例は、鼓膜の破れた動物と同様の処置をする。そのため、鼓膜を評価することができないときは、鼓膜は破れていると考えるのがよい。

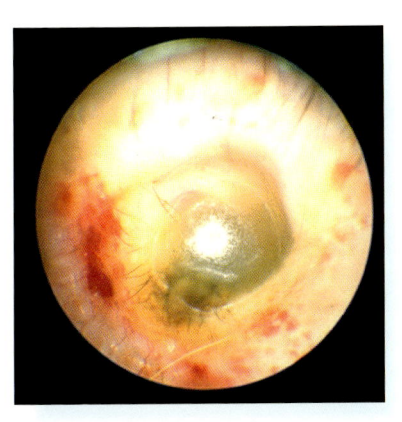

図6.2　耳道内に洗浄剤が残っているため、確実な耳の洗浄とはいえない

過剰な耳垢の除去

耳垢残屑は通常、耳道内に蓄積する。硬い結石は一般に耳垢石と呼ばれている。耳の毛が多いときは、耳垢石の中に毛が巻き込まれることがある。動物の頭部の動きによって耳垢石に巻き込まれた毛が引っ張られ、不快感が生じる。また、水分を多く含む耳垢は柔らかい球状の耳垢を形成しており、そのために水溶性洗浄剤で除去するのが難しいことがある（**図6.3**）。過剰な耳垢は以下に示す3種類の方法で除去することができる。

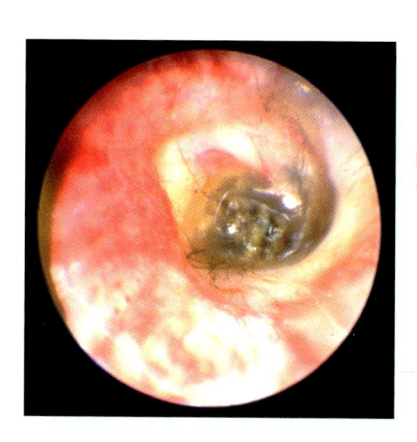

図6.3 洗浄剤を除去した後の図6.2と同耳。鼓膜に固着した大型の耳垢石がみられる

機械的除去

耳垢残屑が硬い結石として耳道に存在するときは、機械的除去を慎重に行う（**図6.4**）。臨床家はこれを試みる前に、動物の保定が十分なこと、適切な器具を直ちに使用できることを確認する必要がある。ビデオ内視鏡は耳垢石をビデオ・スクリーン上で観察可能で、しかも器具に組み込まれた細いペンチあるいは長い柄のワニ口鉗子

第 6 章　耳洗浄剤を選択する

を用いて、耳垢石を摘んで除去できる理想的な器具である。代替方法として、手持ちの耳鏡のファンネルの下に鉗子を誘導し、目視下で除去する方法がある。耳垢石が鼓膜に付着している部分は、無理に除去すると鼓膜が破裂して損傷することがある。耳用キュレットも、耳垢およびその他の残屑を除去するために使用できる（**図6.5**）。

図6.4　毛から形成された耳垢石（比較するためにシリンジと耳垢を並べてある）

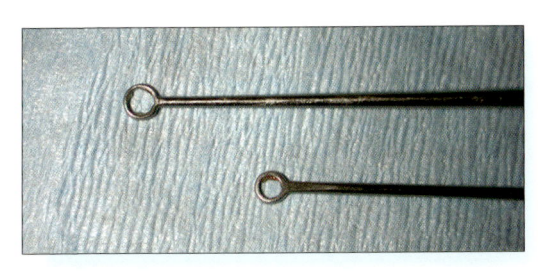

図6.5　イヤー・キュレットは、耳垢および毛を慎重に除去するために使用する

これらは有用ではあるが、使用し過ぎると耳道上皮に損傷を与える可能性がある。

溶解剤

耳垢溶解剤は、耳道内の角化した上皮細胞と他の分泌物で形成された耳垢上皮その混合物を溶解する。**ほとんどの耳垢溶解剤は聴器毒性があるため、鼓膜が損傷しているときは使用してはならない。** 最も強力な耳垢溶解剤は水分を基剤とした**スルホコハク酸ジオクチルナトリウムとスルホコハク酸ジオクチルカルシウム**である。両者とも界面活性物質および乳化特性を有している。そのため、耳の中に付着した耳垢様の残屑内に浸透するが、油を基剤とした潤滑剤より素早く洗浄可能である。このような作用機序を示すために、これらの製品は潰瘍がある耳、および著者の経験上ではあるが、アレルギーに罹患している動物の敏感になっている耳にも刺激になる可能性がある。これらの製剤は、耳道が毛深く、通気性が悪い、典型的にはコッカー・スパニエルのような耳で、厚く頑固な耳垢を有する動物に使用するのが最適である。**カルバミン酸過酸化物**はスルホコハク酸より耳垢溶解作用が弱いが、決して有効性が劣る薬物ではない。この薬物が活性化されると、尿素を放出する湿潤剤として作用する。酸素が発生し、泡を作り出す。カルバミン酸過酸化物を含有する洗浄剤には刺激性があるが、耳が分厚い化膿性分泌物を含有しているときには有効である。

潤滑剤

潤滑剤は耳垢を溶解させるというよりは耳垢を柔軟化し、緩くなるように作用する。そのため、潤滑剤は油性基剤を用いているもの

が多い。潤滑剤は炎症を有する耳道には刺激性が低いが、真の耳垢溶解剤と比べると耳垢を除去する面からは効果が低い。この製剤は耳垢分泌物が少ない症例にはおそらく最適である。しかし、油性の物質であるため閉塞を起こすことがあり、洗浄を行って除去することが困難である。耳垢が完全に除去されない限り感染症を永続させる可能性がある。耳洗浄剤の中で一般的な油性基剤の潤滑剤成分としては、**スクアレン、オレイン酸トリエタノールアミンポリペプチド凝縮物、プロピレングリコール、ミネラルオイルおよび植物性油**がある。他の潤滑剤としては、**グリセリン、ラノリン、ユーカリ油およびペパーミント油**がある。

耳の洗浄

　耳から残屑や残存する耳垢溶解剤や潤滑剤を除去するのには耳道の洗浄を行う。他の外用剤と同様に、多くの洗浄剤は聴器毒性を有し、鼓膜に破損があるときは注意して使用する。洗浄を行うときは洗浄液を穏やかに注入し、その後除去する。除去する際にはシリンジに装着した柔らかいチューブから静かに吸引したり（**図6.6**）、または脱脂綿球に液体を吸収させる。洗浄と除去のサイクルは、綿球または排出液に残屑が認められなくなるまで繰り返す。現在、耳洗浄器が市販されているので入手可能である（**図6.7、図6.8**）。これらの製品は洗浄と吸引の2つの作業を行えるだけでなく、温度および圧力計も組み込まれている。このような器具は洗浄する水の圧力および温度を調節する機能があり、危険値を超過すると安全に停止する装置を有している。鼓膜に損傷があるときにも、水、滅菌生理食塩水および酢酸は一般的に安全な洗浄剤であると考えられている。**酢酸**は洗浄剤として2.5～5.0％の濃度で使用し、数種類の獣医

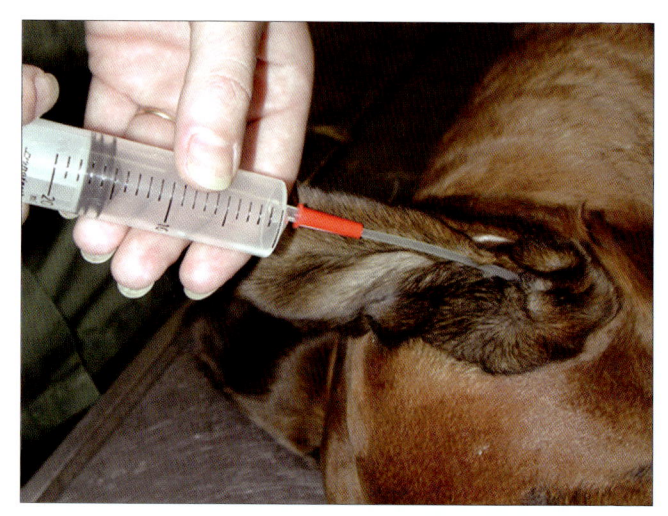

図6.6　シリンジと耳に挿入したソフト・チューブを用いた耳の洗浄

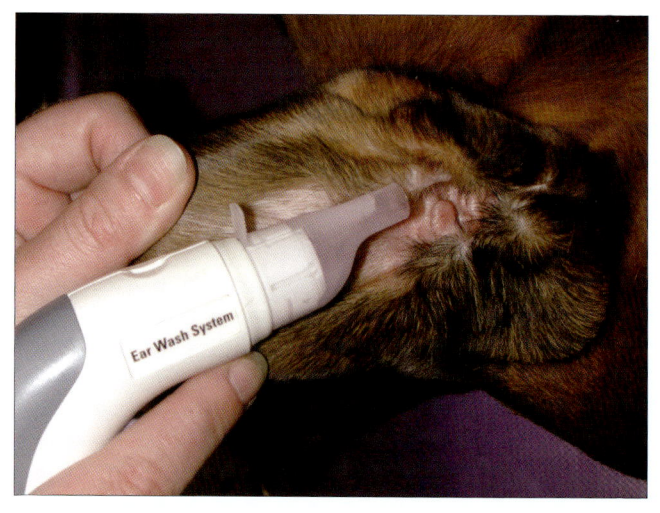

図6.7　市販の耳洗浄器は耳道の洗浄と洗浄液の吸引の両方を行えるものが入手できる

図6.8 病院の水道の蛇口と接続して使用し、温度と圧力が調節できる市販の耳洗浄器

師用耳洗浄剤が入手可能である。酢酸は2.5％の濃度で緑膿菌を死滅させる効果があり、5％ではブドウ球菌に対して良好な活性を示す。しかし、2.5％以上の濃度の溶液は特に過敏症を示す耳に刺激性があるため、使用しないのが望ましい。酢酸を含有している製品は、潰瘍のある耳道では使用すべきではない。耳のpHを低下させる洗浄剤は、フルオロキノロン系あるいはアミノグリコシド系の抗菌剤と併用しない。酸性洗浄剤を使用したときは、洗浄を行ってから抗生物質を投与するまでに20分間待つ必要がある。代わりに、抗生物質投与前に中性の耳洗浄剤を使用するか、EDTA-トリスで洗浄剤を中性化させることも可能である。**クロルヘキシジン**を洗浄剤

として推奨する獣医師もいるが、聴器毒性を避けるために低濃度（0.05％）で使用する。この希釈液は中耳に対して比較的安全であると考えられるが、この濃度では抗微生物活性はほとんど消失するため、より安全な代替物質である水以上に有利な点はない。**ポビドンヨード**は洗浄剤としては不適である。水性基剤の洗浄剤を使用するときには、耳道内の湿度が上昇すると酵母菌が増殖しやすくなるため、洗浄後に乾燥させることが重要である。

　エチレンジアミン四酢酸トリス（EDTA-トリス）は、局所抗生物質療法を開始する前の有効な前処置洗浄剤であることが示されている。この化学物質は細菌の細胞膜に影響し、抗生物質に対する感受性をさらに高める。EDTA-トリスはグラム陰性菌に感染した耳に特に有用であることが示されてきた。抗生物質を投与する10～15分前に、1日1回または2回、EDTA-トリス2.5mlによる耳道の前処置を7～10日間行うと、抗生物質の活性を上昇させる。このことは特に、*in vitro*検査で耐性を示した抗生物質を、生体に用いると感受性に変えるという効果がある。EDTA-トリスは家庭で調合可能であるが、多くの国では市販の溶液あるいは結晶の形で入手することができる。また、EDTA-トリスのpHはアルカリ性であるため、局所抗生物質療法を不活化させる酸性耳洗浄剤を中性化する（前記を参照）。EDTA-トリスは水溶性であるため、非常に過敏な耳でも刺激性は低い。EDTA-トリスの長期使用時は、感染した酵母の再増殖を避けるために乾燥剤を併用するようにする。

耳の乾燥

　洗浄後には耳道を乾燥させることが重要である。乾燥には過度の

残屑を除去する吸引、あるいは綿球に吸収させることによって行う。しかしながら、アルコール基剤の薬剤の使用が好ましい。耳道が十分に乾燥していないときは、感染が継続しやすくなる。水溶性洗浄剤を使用したとき、マラセチアによる酵母菌感染症が問題になる。**イソプロピルアルコール**は多くの製品の基剤として利用されている。イソプロピルアルコールは通常、**乳酸、リンゴ酸、安息香酸、サリチル酸およびホウ酸**などの弱い収斂剤、あるいは**酢酸およびケイ酸アルミニウム**などのアルミニウム化合物と共に用いる。鼓膜に損傷があるときにはイソプロピルアルコールは中耳に有害と考えられているが、他の成分については不明である。これらの製品は弱酸性の性質により刺激を与えることがあるが、一般的には耳に用いても耐容性は良好なようである。

参考文献

Farca AM, Piromalli G, Maffei F and Re G (1997). Potentiating effects of EDTA-tris on the activity of antibiotics against resistant bacteria associated with otitis, dermatitis and cystitis. *Journal of Small Animal Practice* **38**, 243–245.

Kiss G, Radvanyi SZ and Szigeti G (1997). New combination for the therapy of canine otitis externa. 1: Microbiology of otitis externa. *Journal of Small Animal Practice* **38**, 51–56.

Mansfield PD, Steiss JE, Boosinger TR and Marshall AE (1997). *The effects of four commercial ceruminolytics on the middle ear. Journal of the American Animal Hospital Association* **33**, 479–486.

McKeever PJ and Richardson HW (1988). Otitis externa. Part 3: Ear cleaning and medical treatment. *Companion Animal Practice* **2**, 24–29.

Merchant SR (1994). Ototoxicity. *Veterinary Clinics of North America* **24**, 971–980.

Wooley RE and Jones MS (1983). Action of EDTA-tris and antmicrobial agent combinations on selected pathogenic bacteria. *Veterinary Microbiology* **8**, 271–280.

第 7 章　抗菌剤を選択する

　細菌感染は外耳炎の一般的な持続因子である。感染が存在するときには、耳の分泌物の細胞診で炎症性細胞浸潤とともに細菌が認められる。細胞診は培養よりも感受性の高い検査法である。犬の耳、おそらく猫の耳でも正常細菌叢は、コアグラーゼ陽性および陰性のブドウ球菌とレンサ球菌、グラム陰性菌である緑膿菌、プロテウス、大腸菌などにより構成されている。したがって、臨床的に病変のない耳でも培養が陽性になる可能性がある。アトピーの初期では、耳介および耳道に著しい腫脹や発赤が認められても、感染は認められないことがある。アレルギー性耳炎に罹患した猫では、微生物は存在しないが、高粘稠性で黒色分泌物が多量に認められる。このような症例では、抗菌剤による治療は必ずしも必要ではない。

　細胞診で感染が明らかになったときは、抗菌剤による治療は総合的な治療の一部として重要である。しかしながら、どのような抗菌剤も外耳炎の徴候を一時的に緩和させるに過ぎないということが強調される。すなわち、いかなる薬剤を用いても、一次的な原因が解決されなければ症状は再発する。

　耳道内に肥厚などの慢性的変化があるときは、局所療法に加えて抗生物質を全身的に投与する。中耳炎が疑われるときも、全身投与を行うことが重要である。局所療法は水平耳道にまで治療薬が達するときにのみ可能である。重度の過形成性変化がある症例では、炎症を軽減させて抗菌剤を浸透させるために、感染があっても局所的

なステロイドを数日間使用する。

　細菌性外耳炎の急性症例の多くは、ブドウ球菌属およびレンサ球菌属が原因である。一方、慢性症例、特に多数の局所療法を実施してきた症例では、*Bacteroides*属などの嫌気性菌の他に、特に緑膿菌属などのグラム陰性細菌が多く認められる。

　耳の分泌物の細胞診によって、球菌あるいは桿菌の存在が観察できる。球菌がみられるときには、ブドウ球菌属あるいはレンサ球菌属である可能性が最も高く、経験に基づいて局所および全身療法を選択することができる。細胞診で桿菌がみられたときは、培養および感受性試験が必要である。分泌物の色調とにおいから、感染している細菌の種類が推測できる可能性があり（第5章参照）、これによって投薬を開始できることがある。しかしながら最終的な決定は、培養および感受性試験に基づいて行う。

ブドウ球菌とレンサ球菌

　Staphylococcus intermedius（ブドウ球菌）は外耳炎に関する検査で最も多く分離されている細菌であり、猫の耳から分離される最も一般的な病原体である。（**図7.1、図7.2**）。犬の症例では、この細菌はレンサ球菌属と共にみられることが多い。治療を選択するときには、必ず鼓膜の評価を行う（**表7.1**）。

　鼓膜が可視できないときには、鼓膜が破れているものと考える。また、局所療法を行うときは必ず耳を洗浄する（第6章参照）。酸性の耳洗浄剤は細菌性外耳炎に有用である。乳酸あるいは酢酸など

第 7 章　抗菌剤を選択する　119

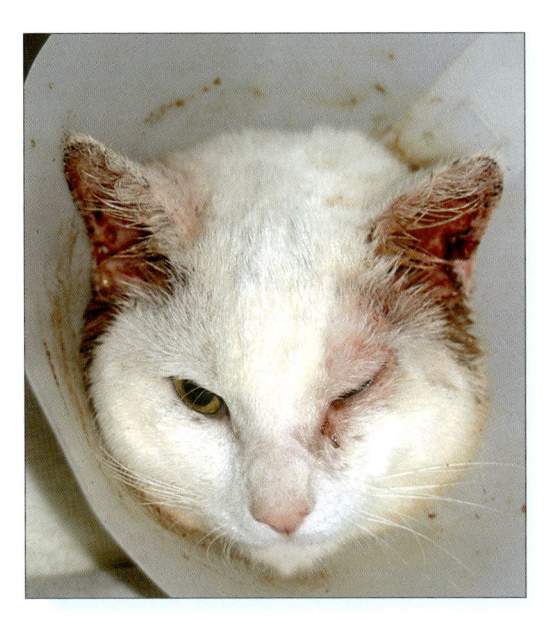

図7.1　アレルギーの猫の耳にみられたブドウ球菌感染

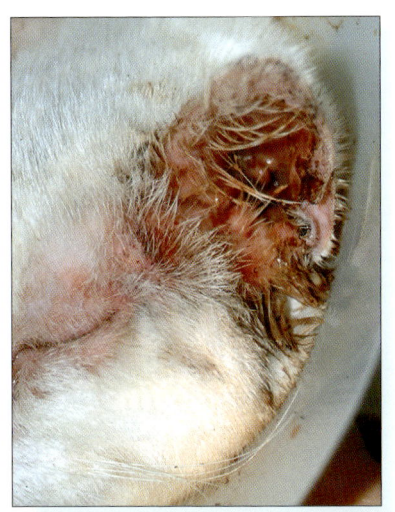

図7.2　図7.1の拡大図で分泌物の性状を示す

の洗浄剤により耳道内のpHが低下するため、多くの細菌は死滅する。しかしながら酸性の洗浄剤は炎症を起こしている耳を刺激する可能性があり、さらにフルオロキノロンやアミノ配糖体などの抗菌剤を不活化することがある。中性の耳洗浄剤にはほとんど抗菌活性はないが、過敏な耳でも許容性が高く、酸に影響されやすい抗菌剤

表7.1　ブドウ球菌属に有効な薬剤[1]

鼓膜が正常で損傷がないときにのみ用いる外用剤		鼓膜に損傷があっても用いる外用剤[2]		全身性薬剤
薬剤	耐性の可能性	薬剤	耐性の可能性	
シプロフロキサシン	まれ	エンロフロキサシン	まれ	セファレキシンまたはセファドロキシル
エンロフロキサシン	まれ	マルボフロキサシン	まれ	クラブラン酸アモキシシリン
フシジン酸	まれ			エンロフロキサシン
ゲンタマイシン	まれ			マルボフロキサシンオルビフロキサシン
ポリミキシンB	まれ			オキサシリン
トブラマイシン	まれ			オルメトプリム-スルファジメトキシン
クロラムフェニコール	少ない			トリメトプリム-スルホンアミド
フラマイセチン	より頻繁			クリンダマイシン
ネオマイシン	より頻繁			エリスロマイシン
リンコマイシン	より頻繁			

[1] 文献：Greene CE *Infectious Disease of the Dog and Cat*, 2nd ed. W. B. Saunders.
[2] 鼓膜に損傷のある耳に、絶対に安全な薬剤は無い。逸話的な報告は、これらの薬剤の使用に注意が必要であることを示している。

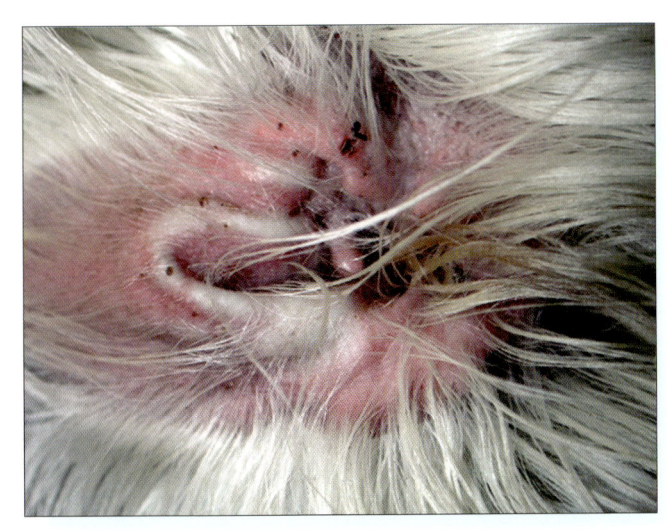

図7.3 発赤があり過敏な耳を洗浄するときには注意深く実施する

を併用するときにも中性化する必要がない（**図7.3**）。局所的な抗菌剤の効果をより強力にするためにはEDTA-トリスが使用可能である。酸性の洗浄剤を用いたあと、局所的な抗菌剤を投与する前に、耳道内を中性化するために使用することもできる。また、細胞診の所見に基づいて、ブドウ球菌属に対する局所的および全身的な抗菌剤療法を経験的に選択してもよい（**図7.4、表7.2**）。ブドウ球菌属の感染に対しては様々な局所療法が良好な結果を示すが、経験的に治療を選択するときには、通常全身療法が最も信頼性が高い（**図7.5、表7.3**）。レンサ球菌属に対する局所療法は、培養および感受性試験に基づいて選択するのが最もよい。

表7.2 ブドウ球菌属に有効な全身性薬剤の用量および耐性パターン[1]

薬剤	耐性の可能性	耳のブドウ球菌属感染の治療に用いる全身性薬剤の用量
セファレキシンまたはセファドロキシル	まれ	22 mg/kg po BID
クラブラン酸アモキシシリン	まれ	12.5〜20 mg/kg po BIDまたはTID
エンロフロキサシン	まれ	5 mg/kg po SID
マルボフロキサシン	まれ	2 mg/kg po SID
オルビフロキサシン	まれ	5〜7.5 mg/kg po SID
オキサシリン	まれ	22 mg/kg po TID
オルメトプリム-スルファジメトキシン	少ない	27.5 mg/kg po SID
トリメトプリム-スルホンアミド	少ない	22 mg/kg po BID
クリンダマイシン	より頻繁	5 mg/kg po BIDまたは11mg/kg po SID
エリスロマイシン	より頻繁	10〜15 mg/kg po TID
リンコマイシン	より頻繁	22 mg/kg po BID

[1] 文献:Greene CE. *Infectious Disease of the Dog and Cat*, 2nd ed. W. B. Saunders

省略語

SID	1日1回	po	経口投与
BID	1日2回	im	筋肉内投与
TID	1日3回	iv	静脈内投与
QID	1日4回		

図7.4 ブドウ球菌が感染した分泌物の細胞診所見で、変性好中球と細菌が認められる(倍率×1000)

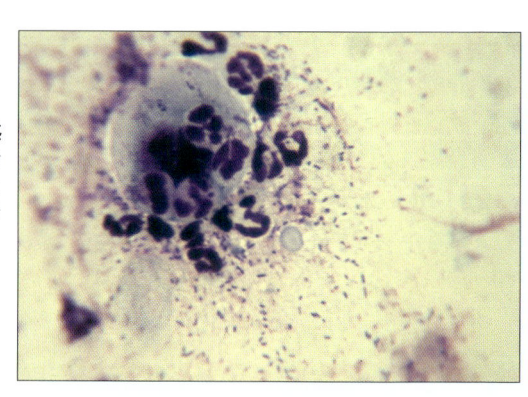

第7章 抗菌剤を選択する 123

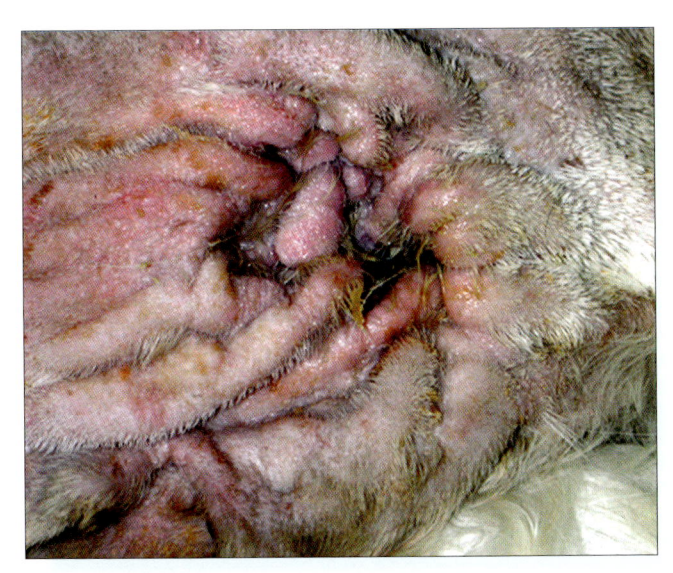

図7.5 細胞診でブドウ球菌とレンサ球菌が認められた犬の耳では、適切な治療法を選択するために培養と感受性試験が役立つ

表7.3 レンサ球菌属に有効な全身性薬剤の用量[1]

レンサ球菌属に有効な全身性薬剤	耳のレンサ球菌属感染の治療に用いる全身性薬剤の用量
セファレキシン	10〜40 mg/kg po BID
クロラムフェニコール	犬15〜25 mg/kg po QID 猫10〜15 mg/kg po BID
クラブラン酸アモキシシリン	12.5〜20 mg/kg po BIDまたはTID
クリンダマイシン	5 mg/kg po BIDまたは11 mg/kg po SID
エリスロマイシン	10〜15 mg/kg po TID
リンコマイシン	22 mg/kg po BID

[1] 文献：Greene CE. *Infectious Disease of the Dog and Cat*, 2nd ed. W. B. Saunders

省略語は表7.2参照

緑膿菌

犬の慢性耳炎では、グラム陽性菌から緑膿菌属などのグラム陰性菌へと耳道内の菌の交代が起きる。動物は急に疼痛を示すようになり（**図7.6**）、しばしば二次的に潰瘍を形成し、多量の悪臭のある分泌物を生じる（**図7.7**）。耳の形態が緑膿菌属感染の直接の原因となるわけではないが、pHと湿度の上昇と相まって、重要な誘発要因になる。このことは特に、原発因子に続いて感染を起こしやすいスパニエルなどの犬種に当てはまる（**図7.8**）。緑膿菌属の感染は猫ではまれである。

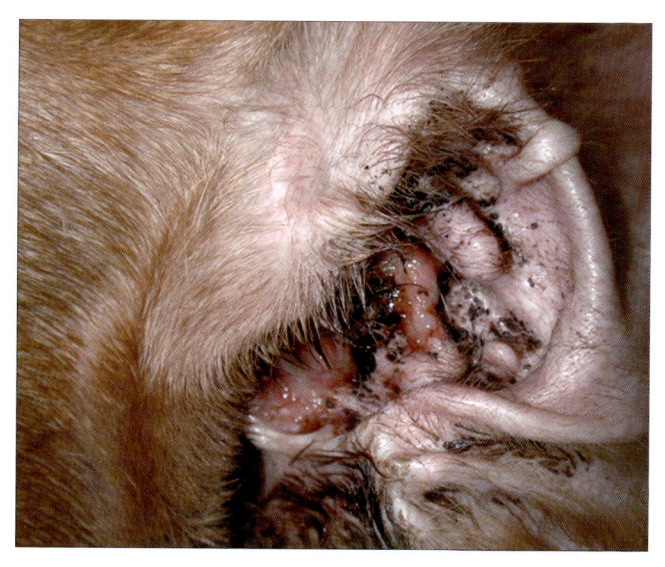

図7.6　緑膿菌が感染した犬にみられた疼痛を伴う潰瘍化した外耳道

第 7 章 抗菌剤を選択する 125

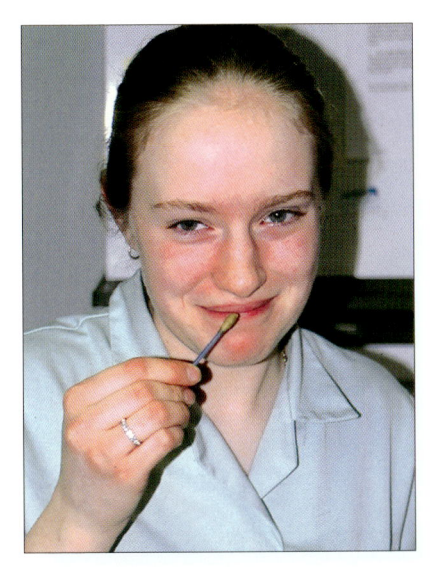

図7.7 緑膿菌が感染した症例では悪臭のある分泌物が一般的である

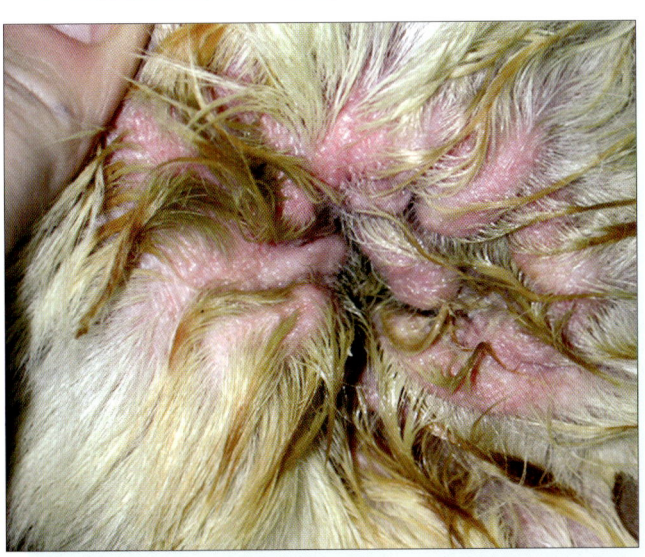

図7.8 スパニエルの耳における緑膿菌感染、スパニエルは緑膿菌の感染を高率に起こす

緑膿菌属の感染は、免疫抑制状態の動物や長期間局所的にステロイドを投与されていた動物に認められることが多い。

臨床的な検査や細胞診で緑膿菌属の感染が疑われるときには、必ず培養を行う。緑膿菌属の感染では鼓膜に傷害があることが多いので、局所療法は注意深く選択する（表7.4、表7.5、表7.6）。また、グラム陰性菌の感染では化膿性分泌物が多量に産生されるため、治療の一部として耳の洗浄は重要である（図7.9）。アミノ配糖体などの薬剤は膿により不活化される。また、薬剤に適切な感受性があっても、耳道内の多量の分泌物によって薬剤が無効になることもある。酢酸剤は、酸性の洗浄など抗緑膿菌活性を有する。しかしながら、しばしば潰瘍を伴う重度のグラム陰性菌感染症では、酸性の洗

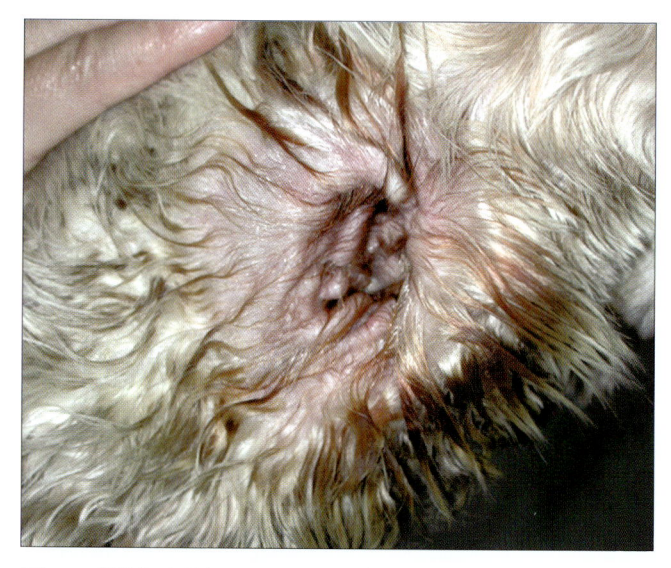

図7.9　緑膿菌が感染した耳における多量の分泌物

第 7 章　抗菌剤を選択する　127

表7.4　緑膿菌属に有効な薬剤[1]

鼓膜に損傷がないときにのみ使用できる外用剤[2]	鼓膜に損傷があっても使用できる外用剤[3]	全身性薬剤
アミカシン	エンロフロキサシン	エンロフロキサシン
シプロフロキサシン	2.5%酢酸	ゲンタマイシン
コリスチン	EDTA-トリス	マルボフロキサシン
フラマイセチン	マルボフロキサシン	オルビフロキサシン
ゲンタマイシン		チカルシリン
ネオマイシン		
オルビフロキサシン		
スルファジアジン銀		
ポリミキシンB		
チカルシリン		
トブラマイシン		

[1] 文献：Greene CE. *Infectious Disease of the Dog and Cat*, 2nd ed. W. B. Saunders.
[2] 低pHでは多くの外用剤が無効である。低pHの洗浄剤は、抗菌剤投与の前にEDTA-トリスのようなアルカリ性溶液で洗浄することによって中和できる。
[3] 鼓膜に損傷がある耳に、絶対に安全な薬剤は無い。逸話的な報告は、これらの薬剤の使用に注意が必要であることを示している。

浄剤を用いると刺激性を示す。おそらくこのような洗浄剤は、潰瘍形成を認めない感染症や、創傷の治癒過程が始まった感染症のもっと後の段階に対して使用するのが最もよい。過敏な耳では、中性の洗浄剤でさえ問題になる。進行した症例で著者がすすめる洗浄剤はEDTA-トリスであり、これは一般的に許容性が高く、局所的な抗菌剤（第5章参照）の活性を増強する治療前洗浄剤として、あるいはフルオロキノロンやアミノ配糖体などの抗菌剤治療に対する基剤としても使用できる。

表7.5 緑膿菌属に対して使用頻度の高くない外用薬と用量

緑膿菌属に対して有効な外用薬	耳の緑膿菌感染の治療に用いる薬剤投与方法
硫酸アミカシン	原液の注射液50 mg/mlを5〜6滴、1日2回
エンロフロキサシン	2%注射液2.0 mlを滅菌生理食塩水12 mlで希釈：その0.5 mlをそれぞれの耳へ1日1回滴下 滅菌水あるいは生理食塩水で1:6に希釈して使用
マルボフロキサシン	1%溶液を滅菌水あるいは生理食塩水で1:4に希釈し、1〜2 mlをそれぞれの耳へ1日1回滴下する。溶液は光感受性があるため、暗所に保存する
スルファジアジン銀クリーム	クリーム1.5 mlを蒸留水13.5 mlと混ぜる 0.5 mlをそれぞれの耳へ1日2回滴下
チカルシリン・パウダー	6gのバイアルに滅菌水12 mlを混ぜる。これを2.0 mlずつに分注し、冷凍する。 分注されたものをそれぞれ溶解し、滅菌水40 mlで希釈し、冷蔵する。冷凍期限の約3ヵ月を過ぎる前に、7日間の点耳として使用する
EDTA-トリス	ゲンタマイシンやエンロフロキサシンなどの投与5〜10分前に耳道を2.5 mlの溶液で洗浄する。

　耳の緑膿菌感染では、経過をよく観察することが重要である。再診時に培養を繰り返す必要はないが、時に細胞診は必要である。スペクトラムの狭い薬剤を使用すると、細菌叢が交代することは普通

表7.6 緑膿菌属に有効な全身性薬剤の用量[1]

緑膿菌属に有効な全身性薬剤	耳の緑膿菌属感染の治療に用いる全身性薬剤の用量
エンロフロキサシン	20 mg/kg po SID
ゲンタマイシン	2 mg/kg im BID
マルボフロキサシン	5 mg/kg po SID
オルビフロキサシン	5〜7.5 mg/kg po SID
チカルシリン	15〜25 mg/kg im/iv QID〜TID

[1] 文献:Greene CE. *Infectious Disease of the Dog and Cat*, 2nd ed. W. B. Saunders.

省略語

SID	1日1回	po	経口投与
BID	1日2回	im	筋肉内投与
TID	1日3回	iv	静脈内投与
QID	1日4回		

であり、水性の洗浄剤を使用すると、酵母菌によって治療が複雑化する。ホウ酸などの抗酵母菌性を有する酸性の耳洗浄剤は、病原性のある菌への交代を防ぐのに役立つ。

その他のグラム陰性菌

犬や猫の耳から分離されるその他のグラム陰性菌には、プロテウス属、大腸菌、パスツレラ属がある。グラム陽性菌あるいは緑膿菌属に加えてこれらの細菌が存在するときには、治療が困難になる可能性があり、これらの細菌の関連は認識されない。細胞診を行うと桿菌、球菌、酵母菌の比率に関する情報を得ることができる。最初の治療の原則として、グラム陽性菌や緑膿菌属の治療を行ってから、その他の細菌に対する治療を行うのがもっともよい。その他の細菌のすべてに対して経験的に局所療法を選択することは困難であるた

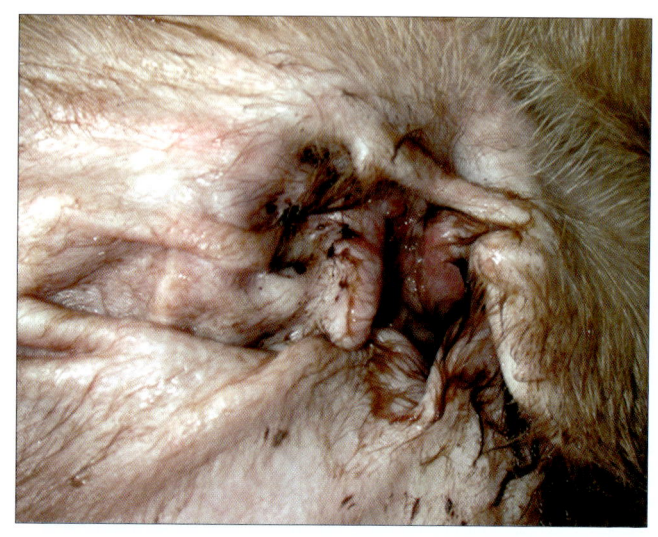

図7.10 *Bacteroides*属が感染した耳にみられた黒褐色分泌物。この分泌物は無臭であった

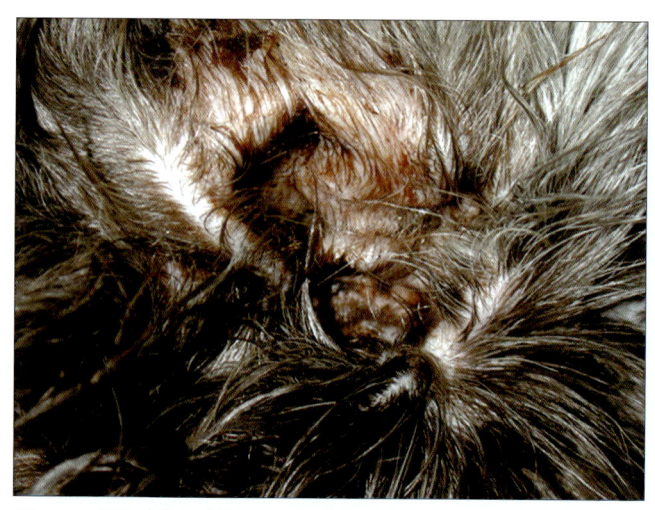

図7.11 嫌気性菌の感染では、緑膿菌属などの感染で認められるよりも暗色の分泌物が産生される傾向がある

め、培養結果に基づいて判断する。また、全身的な薬物療法も培養および感受性試験に基づいて実施する。

嫌気性菌

*Bacteroides*属などの嫌気性菌は、慢性の耳炎から常に分離される。フルオロキノロンやアミノ配糖体はこの種の細菌に対してほとんど効果がないため、これらの薬剤を長期的に使用すると、嫌気性菌による感染が起こりやすくなる。嫌気性菌の感染では、黒褐色の化膿性分泌物が多量にみられるのが特徴である（図7.10、図7.11）。分泌物は不潔な外観ではあるが、比較的無臭であることが多い。乾燥剤を併用して十分な洗浄を行い、細菌の増殖を抑制して耳道内の微小環境を元に戻すことが重要である。フシジン酸は、嫌気性菌に効果のある数少ない外用薬の一つである。しかしながら、注意深く選択された抗生物質の全身投与に耐性がみられることはあまりない

表7.7　嫌気性菌に有効な全身性薬剤の用量[1]

嫌気性菌に有効な全身性薬剤	耳の嫌気性菌感染の治療に用いる全身性薬剤の用量
クラブラン酸アモキシシリン	12.5〜20 mg/kg po BIDまたはTID
クリンダマイシン	5 mg/kg po BIDまたは11mg/kg po SID
メトロニダゾール	猫　10 mg/kg po BID 犬　15〜30 mg/kg po BID

[1] 文献：Greene CE. *Infectious Disease of the Dog and Cat*, 2nd ed. W. B. Saunders.

省略語

SID	1日1回	po	経口投与
BID	1日2回	im	筋肉内投与
TID	1日3回	iv	静脈内投与

ため、嫌気性菌が分離されたときに選択される治療法である（**表 7.7**）。

参考文献

Farca AM, Piromalli G, Maffei F and Re G (1997). Potentiating effects of EDTA-tris on the activity of antibiotics against resistant bacteria associated with otitis, dermatitis and cystitis. *Journal of Small Animal Practice* **38**, 243–245.

Foster AP and Deboer DJ (1998). The role of Pseudomonas in canine ear disease. *Compendium of Continuing Education* **20**, 909–919.

Kiss G, Radvanyi SZ and Szigeti G (1997). New combination for the therapy of canine otitis externa. 1: Microbiology of otitis externa. *Journal of Small Animal Practice* **38**, 51–56.

McKeever PJ and Richardson HW (1988). Otitis externa. Part 3: Ear cleaning and medical treatment. *Companion Animal Practice* **2**, 24–29.

Nuttall TJ (1998). Use of ticarcillin in the management of canine otitis externa complicated by *Pseudomonas aeruginosa*. *Journal of Small Animal Practice* **39**, 165–168.

Rosin Erythema, Fialkowski J and Kujak J (1996). Enrofloaxicin and ciprofloxacin dosage in Pseudomonas infection in dogs. *Veterinary Surgery* **25**, 436–437.

Wooley RE and Jones MS (1983). Action of EDTA-tris and antmicrobial agent combinations on selected pathogenic bacteria. *Veterinary Microbiology* **8**, 271–280.

第8章　抗酵母菌剤を選択する

　マラセチアは、犬の外耳炎から分離される中で最も重要な病原性酵母菌である。猫の耳におけるこの酵母菌と *Malassezia sympodialis* の役割は、よく分かっていない。酵母菌の細胞診の所見は、*Diff Quik* で青く染色される大型でピーナッツ型の特徴的な微生物である（図8.1）。犬のマラセチア感染では、アトピーおよび甲状腺機能低下症が最も一般的な原発因子である。猫では、アレルギーや内分泌による誘発のほかに、ウイルス性の免疫抑制がより重要であると考えられる。マラセチアの感染が鼓膜に傷害を与えることはまれであるが、酵母菌はしばしば強い瘙痒を生じさせるため、耳介あるいは頭部の側面に重度の二次的外傷を伴うことが多い。典型的な例

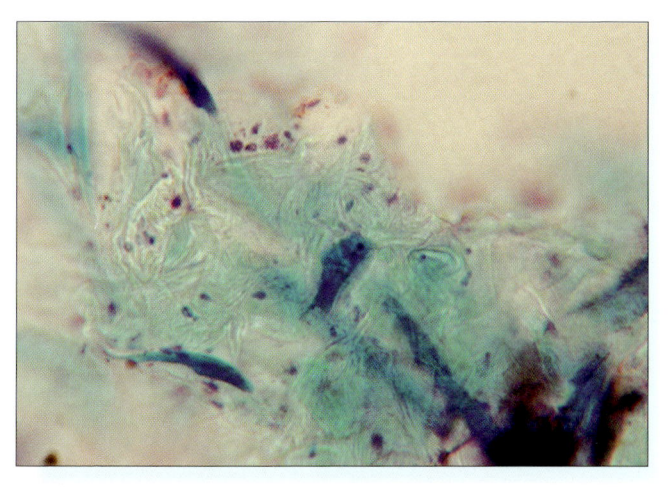

図8.1　マラセチア菌が感染している場合、細胞診でピーナッツ型の酵母菌がみられる（倍率×1000）

では、マラセチアの感染によって、粘稠性が高く茶色の耳垢性分泌物が産生される（図8.2、図8.3）。酵母菌とグラム陽性菌による混

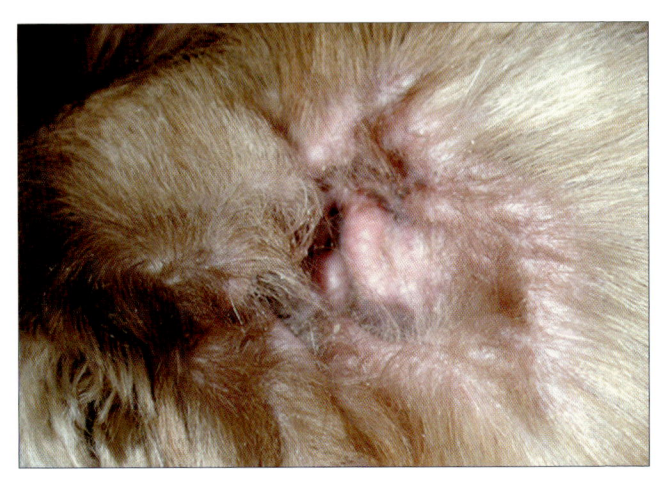

図8.2 マラセチア菌感染の初期には発赤と耳垢様の分泌物が認められる

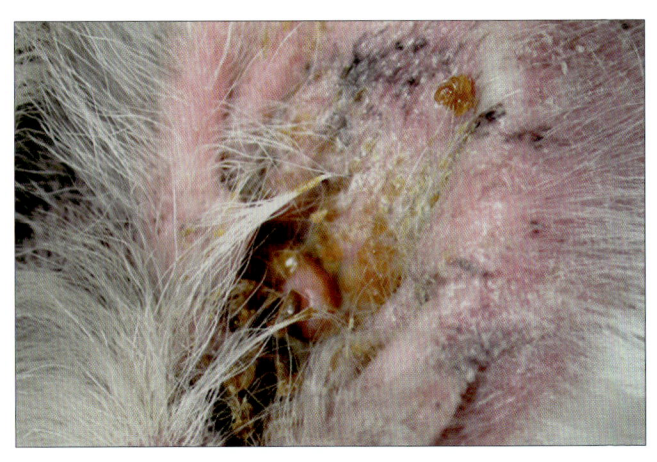

図8.3 慢性のマラセチア菌感染では、高粘稠性で耳垢様の分泌物のほかに、耳介の苔癬化などのより慢性的な変化が認められる

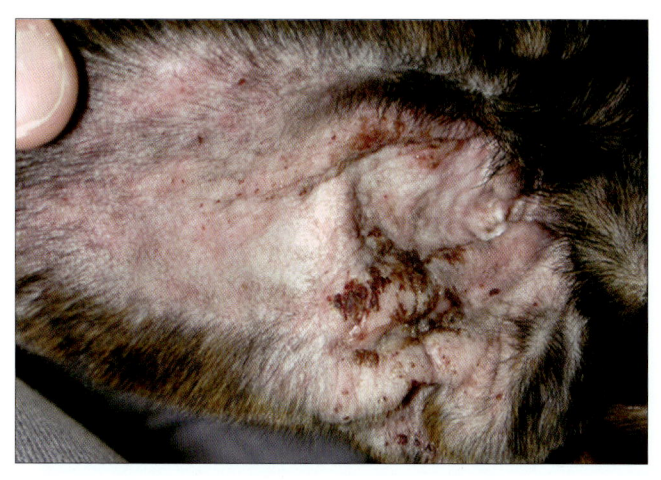

図8.4 この症例のように酵母菌と細菌の混合感染は多い

合感染が一般的である（**図8.4**）。したがって局所療法を行う前には、十分に耳を洗浄することが必要である（**表8.1**）。局所療法を行う前には、ホウ酸を含有した洗浄剤を使用すると特に効果がある。

表8.1 マラセチア属に有効な局所薬剤[1]

鼓膜に損傷がないときにのみ使用できる外用剤	鼓膜に損傷があっても使用できる薬剤[1]
クロトリマゾール ミコナゾール ナイスタチン モノスルフィラム チアベンダゾール ウンデシレン酸亜鉛	ホウ酸

[1] 鼓膜に損傷がある耳に、絶対に安全な薬剤はない。逸話的な報告は、これらの薬剤の使用には注意が必要であることを示している。

表8.2 マラセチアに有効な全身性薬剤の用量

マラセチアに有効な全身性薬剤	耳のマラセチア感染の治療に用いる全身性薬剤の投与量
ケトコナゾール	5〜10 mg/kg po SID
イトラコナゾール	5 mg/kg po SID

省略語
SID　1日1回　　po　経口投与

強力な局所および全身性のコルチコステロイド製剤は避けた方がよい。良好な抗菌活性を示す全身性薬剤を**表8.2**に示した。

参考文献

Bond R, Anthony RN, Dodd M and Lloyd DH (1996). Isolation of *Malassezia sympodialis* from feline skin. *Journal of Medical and Veterinary Mycology* **34**, 145–147.

Ihrke PJ (1996). Malassezia dermatitis and hypersensitivity. Proceedings, North American Veterinary Conference, Orlando, Florida, 15 January, 45–48.

Kiss G, Radvanyi SZ and Szigeti G (1997). New combination for the therapy of canine otitis externa. 1: Microbiology of otitis externa. *Journal of Small Animal Practice* **38**, 51–56.

第9章　駆虫剤を選択する

　多くの種類の寄生虫が外耳炎の原因となる可能性がある。しかしながら、耳道から発見されるのはミミヒゼンダニおよびニキビダニ属のみである。寄生虫を発見するために、細胞診が重要である。また、寄生虫は耳を拭った綿球から採取した耳垢、あるいは皮膚掻爬検査によっても観察される。したがって診察時にこれらの検査を省略したり、細胞診をせずに培養したときには、ダニの存在を見落とすことがある。

ミミヒゼンダニ（*Otodectes cynotis*）

　猫では、ミミヒゼンダニは依然として最も一般的な外耳炎の原因である。このダニは若齢犬に臨床的な疾患を起こすことがわかっているが、成犬の耳疾患の原因として過剰に診断されすぎている。典型的なミミヒゼンダニ寄生では、もろい黒褐色の耳垢がみられる瘙痒性の耳炎を起こす（図9.1）。ダニの虫体や虫卵は、寄生数が少ないこともあるが、通常耳垢中に観察される（図9.2）。いくつかの文献によると、ダニの寄生数が少ないと思われる動物の臨床症状は、ダニ虫体あるいはダニの排泄物へのアレルギー反応に起因すると考えられている。ミミヒゼンダニは耳から移動して、異所寄生を起こすことがあるが、これは特に猫に多くみられる。猫が丸まって寝ている間に、ダニが耳から臀部に移動した場合、臀部の周囲がダニに刺激されることがある。したがって治療を行う際、可能ならば局所への有効性と、ある程度の全身作用を併せ持つ薬剤を使用するのがよい。多種類の局所用製剤がミミヒゼンダニ寄生の治療に承認

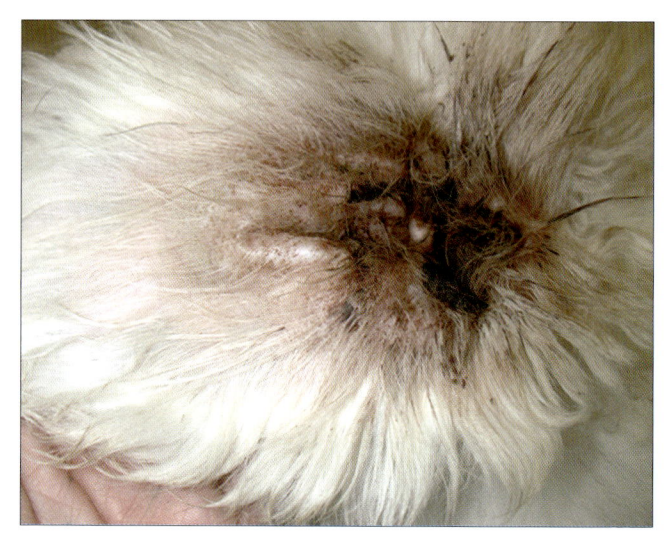

図9.1　ミミヒゼンダニが寄生した耳のもろい分泌物

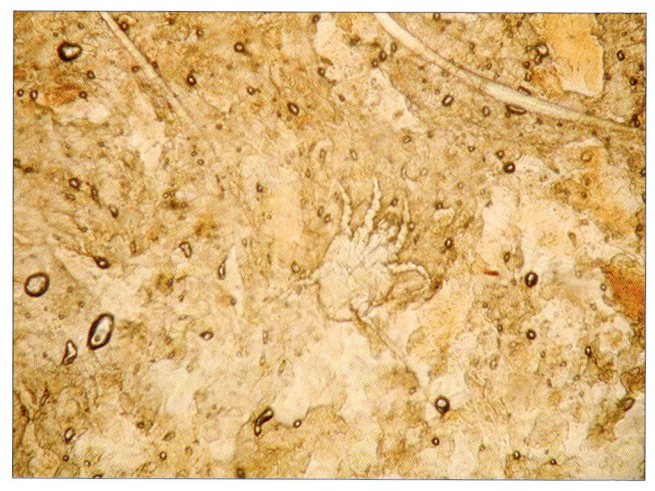

図9.2　耳の分泌物中に認められたミミヒゼンダニ（倍率×40）

されているが、特異的な殺ダニ剤を含有していないものも多い。これらの作用機序は不明である。局所療法を行う前には耳洗浄を十分に行うことが重要である。罹患した動物の多くは若齢であることから、強力な耳垢溶解剤よりは穏やかな潤滑剤を使用する方がよい。ダニによる外耳炎では感染が認められることはまれなため、酸性の耳洗浄液を用いる必要はほとんどない。グリセリンやプロピレングリコールなどの化合物を含有する中性の洗浄剤を使用するのがもっともよい。

ニキビダニ（*Demodex*）属

　犬および猫では、数種類のニキビダニが耳炎の一次的な原因および持続要因となる。犬では毛包のダニであるイヌニキビダニおよび表在性のダニである*D. cornei*が、耳介あるいは耳垢から採取された材料中にみられることがある（**図9.3**）。耳の毛包虫症は、若齢犬、特にキャバリア・キング・チャールズ・スパニエルやシー・ズーの他、ボクサーやマスチフなど短毛犬種における耳炎で比較的よくみられる原因である。毛包虫症は通常、若齢動物における原発疾患である。高齢犬の毛包虫症は、通常免疫抑制に続発してみられる（**図9.4**）。免疫抑制は甲状腺機能低下症あるいは副腎皮質機能亢進症が自然発症したときや、強力な局所ステロイド剤の長期投与によって認められることもある。

　猫の耳から毛包のダニである*D. felis*および表在性のダニである*D. gatoi*が分離されている。しかし、毛包虫が猫の耳炎の原因となるのは非常にまれであり、常に免疫抑制と関連している。したがって、毛包虫症に罹患した猫には、ダニに対する治療に加えて、全身

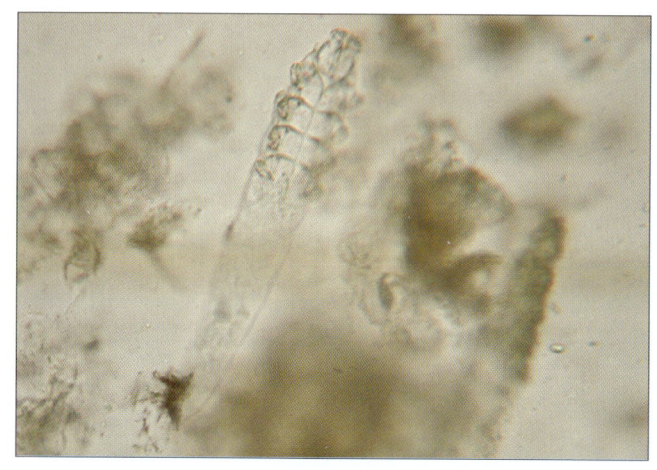

140 犬と猫の外耳炎ガイドブック

図9.3 耳毛包虫症の症例の耳垢中に認められた毛包虫の成虫（倍率×200）

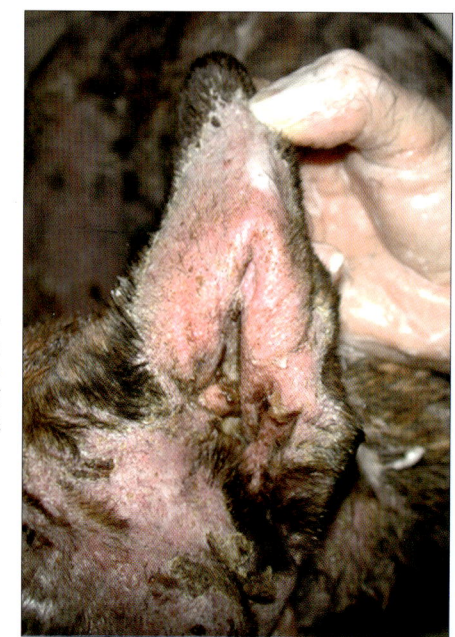

図9.4 原発因子として全身的な免疫抑制を有する成熟犬に認められた、二次的な緑膿菌感染を伴う重度の耳毛包虫症

の健康診断、特にFeLVおよびFIVの感染についての検査を実施する。

ニキビダニは、様々な程度の瘙痒性の耳炎を生じさせる。表在型のダニが認められるときには痒みが強くなる傾向があり、二次感染があるときにはさらに炎症が強くなる。合併症のない症例では、無臭の耳垢がみられる。綿球で採取した耳垢や、垂直耳道壁を静かに掻爬にすることで得られた材料中には、未成熟なダニ虫体やダニ虫卵が観察される。局所療法を開始する前に、耳を効果的に洗浄する

表9.1　ダニに有効な薬剤

鼓膜に損傷がないときにのみ用いる外用剤[1]	ニキビダニに有効な薬剤	ミミダニに有効な薬剤	全身性薬剤	ニキビダニに有効な薬剤	ミミダニに有効な薬剤
アミトラズ[2]	✓D	✓D	イベルメクチン	✓	✓
フィプロニル[3]		✓D,C	ミルベマイシン	✓	✓
イベルメクチン[4]	✓D,C	✓D,C	モキシデクチン	✓	✓
モノスルフィラム		✓D,C	セラメクチンP		✓
ピレトリン		✓D,C			
ロテノン	✓D				
チアベンダゾール	✓C	✓D,C			

[1] ここに掲載した薬剤はいずれも未承認であるため、効能外使用であり、処方した獣医師の判断で用いる。

[2] アミトラズは5%溶液2mlを鉱物油20mlに加えて希釈し、局所的に使用する

[3] フィプロニルのスポット・オン製剤を局所的に使用する

[4] イベルメクチンは鉱物油で1:9に希釈し、局所的に使用する。

Dは犬に適用　Cは猫に適用

ことは重要である。しかし、寄生虫に関連した重度の炎症がみられるときは、弱い耳垢溶解剤を使用する。細菌に感染しているときには、酸性の洗浄剤が有用である。有効な殺ダニ作用を有する薬剤を**表9.1**と**表9.2**に示した。

表9.2 ダニに有効な全身性薬剤の用量

ダニに有効な全身性薬剤[1]	耳の毛包虫症の治療に用いる全身性薬剤の用量	ミミダニ症の治療に用いる全身性薬剤の用量
イベルメクチン[2]	臨床的に治癒するまで 0.45～0.6 mg/kg po SID[D]	0.3～0.6 mg/kg sc 10日間隔で3回投与[D,C]
セラメクチン	無効[D,C]	製造業者の指示通りに局所に適用[D,C]
ミルベマイシン	臨床的に治癒するまで 0.5～2.0 mg/kg po SID[D]	データなし
モキシデクチン	臨床的に治癒するまで 0.2～0.4 mg/kg po SID[D]	データなし

[1] これら全身性薬剤の使用の多くは、効能外使用であるため、処方した獣医師の判断で用いる。
[2] イベルメクチンはどんな犬種でも中毒症状を起こす可能性があるが、コリー犬種またはその雑種、あるいはある種のハーディング犬種での使用は特に注意する。

省略語の意味
SID　1日1回　　　po　経口
[D]は犬に適用　[C]は猫に適用

参考文献

Frost CR (1961). Canine Otoacariasis. *Journal of Small Animal Practice* **2**, 253–256.

Scheidt VJ (1987). Common feline ectoparasites. Part 2: *Notoedres cati*, *Demodex cati*, *Cheyletiella spp.*, and *Otodectes cynotis*. *Feline Practice* **17**, 13–23.

Thomas CA, Shanks DJ, Six RH, et al. (1999). Efficacy of selamectin against natural infestations of *Sarcoptes scabiei* and *Otodectes cynotis* in dogs and cats. *Proceedings of the American Association of Veterinary Parasitology*. New Orleans, p. 58.

第10章　抗炎症剤を選択する

　外耳炎の治療に、コルチコステロイドを用いると治療効果が大きい（**表10.1**、**表10.2**）。しかしコルチコステロイドは対症療法としてのみ使用すべきではなく、診断した後、症例を治療するために使用する。局所グルココルチコイドの主な適用は、抗瘙痒作用および抗炎症作用であり、また、免疫介在性疾患において必要な免疫抑制剤の全身投与総量を減量するために使用することもできる（**図10.1**、**図10.2**）。局所製剤を使って免疫介在性疾患を治療するときには、最初に強力なコルチコステロイド剤を使用することがあるが、臨床的に寛解したら、より弱い局所製剤に変更するのがよい。長期間、弱い薬剤を使用しなかった場合には、皮膚の菲薄化、局所感染

表10.1　耳炎におけるグルココルチコイド外用療法

鼓膜に損傷がないときにのみ使用できるコルチコステロイド外用剤[1]	作用	鼓膜に損傷があっても使用できるステロイド外用剤[1]
ベタメサゾン	強力	デキサメサゾン
デキサメサゾン	強力	
フルオシノロン	強力	
酢酸イソフルプレドン	中程度	
トリアムシノロン・アセトニド	中程度	
ヒドロコルチゾン	軽度	
プレドニゾロン	軽度	

[1] 鼓膜に損傷がある耳に、安全な薬剤は無い。逸話的な報告は、これらの薬剤の使用には注意が必要であることを示している。

表10.2 全身性グルココルチコイドおよび外耳炎で推奨される用量

全身性薬剤	犬において抗炎症の目的で使われる全身性薬剤の推奨用量[1]
プレドニゾロン	0.5〜1.0 mg/kg po SID 7〜10日間;長期維持としては、用量はできる限り最小量を隔日に投与する。
メチルプレドニゾロン	0.5〜1.0 mg/kg po SID 7〜10日間;長期維持としては、用量はできる限り最小量を隔日に投与する
ベタメサゾン	0.025 mg/kg po SID 7〜10日間;この薬剤は長期的な隔日投与には不適である。
デキサメサゾン	0.025 mg/kg po SID 7〜10日間;この薬剤は長期的な隔日投与には不適である。

[1] 猫における投与量は、犬の投与量の2倍までと思われる。

省略語の意味
SID　1日1回　　　po　経口投与

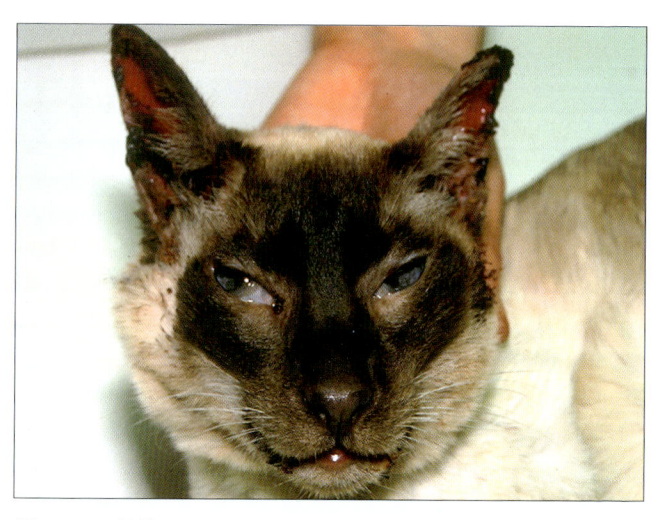

図10.1　円板状エリテマトーデスのような症例には、局所コルチコステロイドを使って全身療法の総投与量を減少させることが可能である

第10章　抗炎症剤を選択する　147

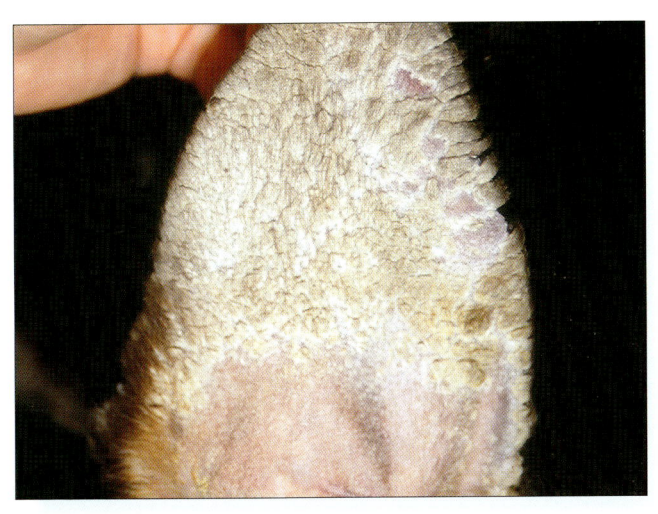

図10.2　落葉状天疱瘡にはコルチコステロイド外用剤を用いて、全身療法の総投与量を減少させることが可能である

や毛包虫症の好発傾向などのコルチコステロイド誘発性の皮膚変化が起こる可能性がある。また、鼓膜が破れている場合には、全ての局所製剤と同様にコルチコステロイドも注意深く使用するべきであろう。強力な局所コルチコステロイド剤、特にフッ化コルチコステロイド剤は、急性症例における耳道の腫脹や過形成、あるいは耳介の発赤や刺激の軽減にも、有効に使用することができ（**図10.3**、**図10.4**）、耳道の著しい狭窄性変化を改善させることもできる。しかしベタメサゾンやデキサメサゾンなどの強力な局所製剤を長期間使用することは避ける。ほとんどが全身的に吸収され、副腎下垂体軸に影響を及ぼし、医原性副腎皮質機能亢進症が発症する可能性があるためである。局所製剤の長期使用に関する安全性についてわか

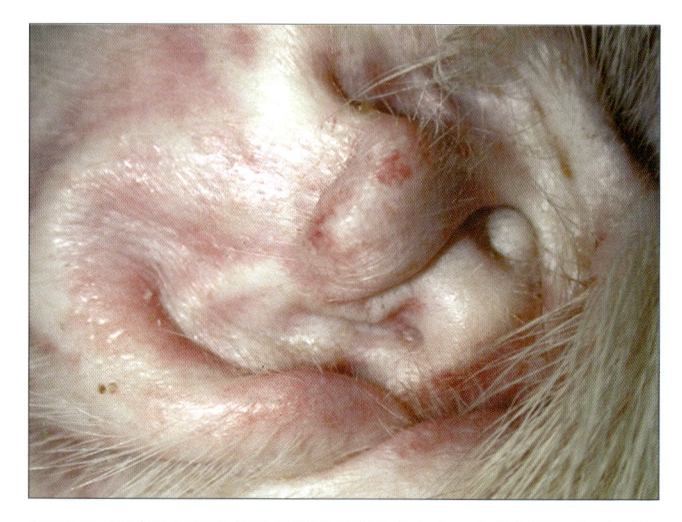

図10.3 発赤や腫脹を伴うが感染が認められない急性のアレルギーでは、強力なコルチコステロイド外用剤を短期間使用して治療する

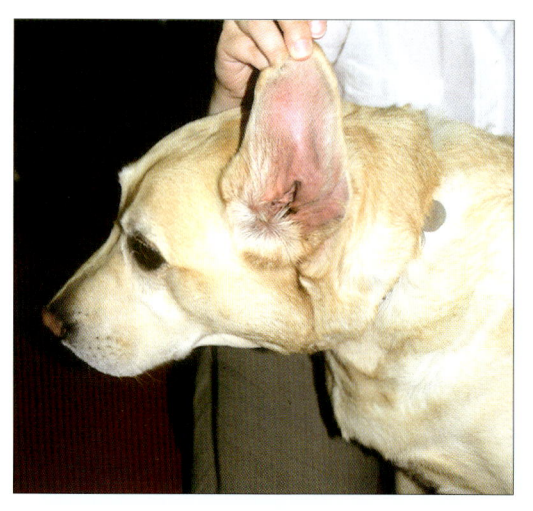

図10.4 典型的なアレルギーの耳介。発赤はコルチコステロイド外用剤で治療できる可能性がある

らない場合には、製造業者の医薬品情報を調べた方がよい。長期間のコルチコステロイド投与が必要な慢性症例、特に原発因子としてアレルギー性の疾患がある動物に対しては、維持療法として、例えばヒドロコルチゾンやプレドニゾロンのような弱いコルチコステロイド剤を使用するのがよい（図10.5）。

コルチコステロイド外用剤の使用は、全身性あるいは耳の毛包虫症を併発した動物、あるいはその病歴のある動物には禁忌であり、免疫抑制状態の動物にも避けた方がよい。感染がある場合にも、グルココルチコイドの外用剤は注意深く使用した方がよい。感染に加えて著しい炎症があるときには、コルチコステロイドを短期間使用してもよい。しかし原則として、感染があるときには、できる限り強力な外用剤を使用せずに治療する。

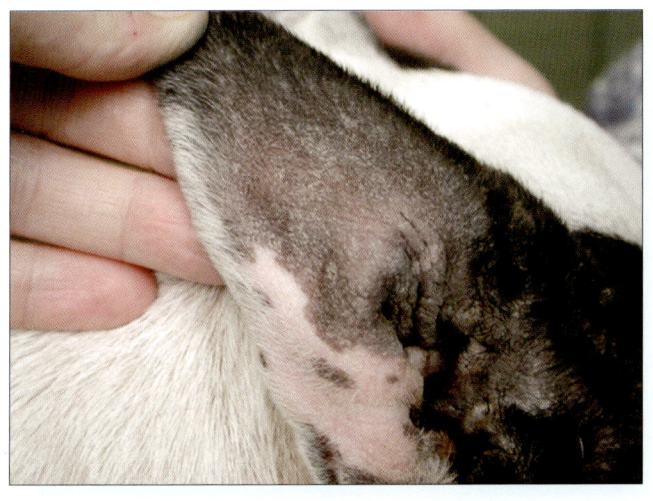

図10.5 初期の治療期間が終了した慢性症例では、維持療法として弱いコルチコステロイド外用剤を使用する

コルチコステロイド、特に強力なコルチコステロイドを投与したときには、全ての症例において細胞診を継続して行うことが重要である。コルチコステロイドは好中球の走化性を劇的に低下させ、炎症を抑制するため、膿の形成を阻害する。耳鏡では、症状が改善されたようにみえ、発赤や耳垢が消失することもある。しかし感染はコルチコステロイドの抗炎症作用によって隠されているが、耳内に細菌や酵母菌が依然として存在しているときには、細胞診で感染が認められるはずである。

参考文献

> Moriello KA, Fehrer-Sawyer SL, Meyer DJ and Feder B (1988). Adrenocortical suppression associated with topical otic administration of glucocorticoids in dogs. *Journal of the American Veterinary Medical Association* **193**, 329–331.

索　引

肉太の数字は図のページ番号を，イタリックの数字は表や枠のページ番号を示している。文章で用語の内容を説明しているページは省略してある。

あ

頭を振る　11, 64, 88
　頭を振ることによる病変　58, **61**
アトピー　7-10, *133*
アミトラズ　*141*
アミノ配糖体　*127*
アレルギー　7-11, 17
　細胞診　91
　症状　23, 47, **59**
　　脱毛　61-62
　　分泌物　17, *83*, *117*
　　発赤　64
　治療　145-150

い

→eardrumは鼓膜を参照
→earflapsは耳介，下垂も参照
→earwaxは耳垢を参照
イソプロピルアルコール　*106*, *115*
EDTA-トリス洗浄
　　　106, *114*, *121*, *127*, *128*
イトラコナゾール　*136*
イヌセンコウヒゼンダニ (Sarcoptes scabiei)
　　　10
異物　15, **16**, 54, 69, **71**
イベルメクチン　*141*, *142*

う

ウイルス性免疫抑制（免疫抑制）
　　　81, *133*
ウンデシレン酸亜鉛　*135*

え

FIV　11, *81*, *141*
FeLV　11, *81*, *141*
塩酸アチパメゾール（アンチセダン）
　　　22
円形脱毛症　14, 44, 62
塩酸メデトミジン　21-22
エリスロマイシン　*120*, *122*, *123*
円板状エリテマトーデス
　　　14, 15, 58, **146**
エンロフロキサシン　*120*, *127*-*129*

炎症　62-**63**, 90, 145-150
炎症性疾患　16, 55

お

押捺塗抹検査　42-44, **43**, *80*
オキサシリン　*120*, *122*
オルビフロキサシン
　　　120, *122*, *127*-*129*
オルメトプリム-スルファジメトキシン
　　　120, *122*
オレイン酸トリエタノールアミン
ポリペプチド凝縮物　*106*, *111*

か

外耳炎
　検査　35
　原発因子　3-18
　持続因子　3, 84-101
　素因　3-5, 70-79
　症状　24-25
　慢性　85-87, **88**, 124-129
外傷
　自傷による−　26, 44, 56, 61
　耳洗浄による−　76-78
　潰瘍　42, 46, 55, 58-61
　　悪性の−　79
　　感染　**124**
　　パンチアウト状　15, 25
角化異常症　16-17, 40, 44
　細胞診　94-95
　症状　25, 40, 55-56, **83**
　　原発性脂漏症，皮脂腺炎も参照
痂皮　12, *24*, 25, **30**, 55
カルバミン酸過酸化物　*106*, *110*
Candida albicans　86
感染
　押捺塗抹検査　42, *80*
　病変　47, **62**
　　膿疱　41, 47
　ステロイドと感染　149

き

寄生虫　10-12

検出　39-40, 93
　ノミ，シラミ，ダニ，マダニも参照
症状　24, 44, 54, 56
治療　137-142
季節性疾患　*10*, 11, 12
基底細胞腫　*51*, *52*, *79*
丘疹　23, 24, 42, 44

く

クラブラン酸アモキシシリン
　　　120, *122*-*123*
クリンダマイシン　*120*, *122*-*123*
→グルココルチコイドはステロイドを参照
クロトリマゾール　*135*
クロラムフェニコール　*120*, *123*
クロルヘキシジン　*106*, *113*

け

ケイ酸/酢酸アルミニウム
　　　106, *115*
形質細胞腫　*51*, *79*
血管炎　14, *25*, **30**
血管肉腫　*51*, *52*
結節　47, *50*-*52*
ケトコナゾール　*136*
ゲンタマイシン　*120*, *127*-*129*
原発性（特発性）脂漏症
　　　16, *17*, 25

こ

紅斑　47, *51*-53, 60-61
好酸球性肉芽腫　44, *80*
甲状腺機能亢進症　17
甲状腺機能低下症　13, 17, 21, *133*
　細胞診　94-95
　症状　17, *24*, 56
　　脱毛　**29**, 44, **62**
抗生物質（抗菌剤）117-131
　過剰使用　78
　局所　*114*, *117*-*118*
　　細菌感染も参照
　全身　117-118

索引

酵母菌感染　4, 16
　　Candida albicans, マラセチア,
　　「水泳後の耳」も参照
　細胞診　93, **96-97**
　治療　133-136
黒色腫　53
鼓膜　67, **67**, 68-69
　開通性（開存性）106-107
　　治療と－　118-120, *127-
　　129*, 147
　鼓膜に対する耳垢溶解剤　106
　コレステリン腫　90
鼓膜切開術　89, *90*
コリスチン　*127*
→コルチコステロイドはステロ
　イドを参照
コレステリン腫　90

さ

細菌
　グラム陰性　84, 84-85, 129
　　大腸菌, パスツレラ属, プロ
　　テウス属, 緑膿菌属も参照
　　耳洗浄　126-127, *128*
　グラム陽性　84, 85
　　ブドウ球菌属, レンサ球菌
　　属も参照
　嫌気性菌　84, 84-85, 131
　　*Bacteroides*属も参照
　細胞診　94-95, **97**
　正常細菌叢　117
　大腸菌　117
細菌感染
　局所性薬剤　121, 126
　混合感染における－　**135**
　全身性薬剤
　　120, 122, 123, *127*, *129*
　症状　54, 80, 83
細胞診　89-101
酢酸イソフルプレドン　145
酢酸洗浄
　106, 111-114, 118-121, 126
　抗菌活性　113, *127*
　サリチル酸　*106*, 115

し

→自己免疫疾患は免疫介在性疾

患を参照
使役犬　11, 15
耳介　35-65
　アレルギー　7-10
　角化異常　16-17
　寄生虫　10-12, 139
　真菌感染　12
　垂れた耳介　11, 72, *125*
　内分泌疾患　13-14
　辺縁病変　55-56
　無菌性好酸球性毛包炎　18
　免疫介在性疾患　14-15
　有毛の－　72
耳鏡　68, 107
耳血腫　11
耳垢
　採取　89, 90-92
　耳垢性耳炎　14, 16, 17
　除去　*105*, 108-111, 142
　ダニ　10, 137, 139, 141
耳垢腺過形成　17
耳垢腺腫瘍　*79*
耳垢塊（石）　16, *70*, *108*, **109**
自己損傷　26, 56, 61
湿潤性
　疾患と湿潤性　114, *125*
　「水泳後の耳」も参照
耳道の閉塞　70
耳道の浮腫　**70**, 87
耳道
　炎症（耳炎）　16
　解剖　72-76
　過形成　**70**, 87
　寄生虫　137
　毛の多い－　72-74
　検査　68-72
　構造　67
　腫瘤（腫瘍）　18, 78-80
　耳垢の採取　91, **91**, *92*, *93*
　進行性の変化　87
　水泳　4, *5*, 76
　正常な－
　　67-69, **69**, *71*, *94-95*
　閉塞　18, 78-80
四肢の症状　24, 26, 27
シプロフロキサシン　120, *127*
斜頸　88, 89

若年性蜂窩織炎（若齢犬の腺疫）
　　17, *25*, **32**, 44
若齢型耳毛包虫症　10
若齢の猫　11, 12, 13
若齢犬　7-8, 10, 11, 12, 13
腫瘍　**50-53**, 61, **63**, 78-79
　診断　41, 44
　　細胞診　93, **96-97**
　日光と腫瘍　18, *51*, **52-53**
　良性腫瘍　*50*, *51*, *79*
上皮向性リンパ腫　64
食物不耐性　8-10, 17
シラミ症　10, 11, 37
　Felicola subrostratus, *Trichodectes
　canis*も参照
脂漏　24, *25*, 64
　原発性（特発性）　16, 17, *25*
真菌感染　12-13
　症状　24, *54*, **62**, 80
　*Microsporum*属, *Sporothrix
　schenckii*, *Trichophyton
　mentagrophytes*も参照

す

水疱性類天疱瘡　14, **15**, 61
ステロイド　145-150
　局所性　89, 145-147
　全身性　137, 145
　長期使用
　　11, 14, 126, 139, 145-149
Spilopsylla cuniculi　10, *12*
Sporothrix shenckii　13
スルホコハク酸ジオクチルナト
　リウム／カルシウム　*106*, 110

せ

生検　41, **46-47**
セラメクチン　141, *142*
接触過敏症　8
セファドロキシル　120, *122*
セファレキシン　120, *122-123*
線維肉腫　*52*

そ

増殖性外耳炎　18
瘙痒　11, 79, 137, 141
　急性に発生した－　11

索引

脱毛 44
治療 145, 147
強い- 133

た

大腸菌 94-95, 129
多型紅斑 14, 61
脱毛 24, 25, 61-62
ダニ 137-142
　ニキビダニ属, Neotrombicula autumnalis, Notoedres cati, ミミヒゼンダニ, イヌセンコウヒゼンダニも参照
　毛包ダニはDemodex canisを参照
　表在生活性ダニはDemodex cornei, Demodex gatoiを参照
「タバコの灰」病変 13

ち

チアベンダゾール 135, 141
チオペンタール麻酔 22
チカルシリン 127-129
中耳炎 71, 88-90, 117
鎮静 21-22, 22

て

デキサメサゾン 145, 146, 147
テープストリッピング検査 38-40
Demodex gatoi 10, 40
Demodex cati 10
Demodex canis（イヌニキビダニ） 10, 40, 137
　細胞診 91, 92-93
Demodex cornei 10, 40, 139
臀部の皮膚炎 137

と

疼痛 16, 79, 88, 124
トブラマイシン 120, 127
Domitor（塩酸メデトミジン） 21
トリアムシノロン・アセトニド 145
Trichodectes canis 11, 39
Trichophyton属 12
→トリス-エチレンジアミン四酢酸はEDTA-トリスを参照

トリメトプリムースルホンアミド 120, 122
Torbugesic（ブトルファノール） 21
Trombicula autumnalis 40

な

ナイスタチン 135
内耳炎 88, 89
内分泌疾患 13-14, 44-45
　症状 24, 48, 49, 61, 83
　甲状腺機能低下症も参照

に

肉芽腫性病変 52-53, 54
日光 17, 18, 51, 52-53
乳酸 106, 115
乳頭腫 51, 79

ね

Neotrombicula autumnalis 10, 11
ネオマイシン 120, 127
　ネオマイシンへの感受性 9
猫
　好酸球性肉芽腫症候群病変 44
　細菌感染 118
　狩猟 13
　腫瘍 50-53
　シラミ 39
　自咬 18, 52-53, 61
　掻破 58
　ダニ 137
　鎮静 22
　毛包虫症 139
　免疫性疾患 15
ネコハジラミ（Felicola subrostratus） 10-12, 39

の

膿皮症 48-49
　若齢犬の- 25, 32, 44
膿疱 23, 24, 47, 48-49
　細胞診 41-42
　無菌性膿疱は落葉状天疱瘡を参照
Notoedres cati 12
ノミ 9, 10, 12
　ウサギノミも参照

は

Bacteroides属 83, 84, 131
パスツレラ属 129

ひ

鼻口部のフルンケル症 25, 32
皮膚組織球腫 51
ヒゼンダニ 10-11, 56
被毛の抜去 44-45
ヒドロコルチゾン 145
「ピーナッツ型」の微生物 87, 95, 133
→皮膚糸状菌症は真菌感染を参照
皮膚筋炎 14, 15
皮脂腺炎 16, 17, 44
　症状 25, 31, 57
皮脂腺腫 79
皮膚掻爬検査 35-38, 137
肥満細胞腫 51, 53
病変
　原発疹 48-55
　個々の病変も名称ごとに参照
　続発疹 55-65
病歴の聴取 3-18
ピレトリン 141
品種による感受性 6, 7, 8, 9, 72-76
　アレルギー 10
　角化異常症 16
　腫瘍 51
　免疫介在性疾患 14, 15

ふ

フィプロニル 141
副腎皮質機能亢進症 147
フシジン酸 120, 131
ブトルファノール 22
フラマイセチン 127
ブドウ球菌属 84, 117-123
　細胞診 94-95, 121
　正常細菌叢における- 117
　治療 113, 117-120, 121
　分泌物 83
ブドウ球菌 118
フルオシノロン 145
フルオロキノロン 127
プレドニゾロン 145-146
プロピレグリコール 106, 111, 139

索 引

プロテウス属　*84, 94-95,* **129**
　正常細菌叢における-　117
分泌物
　悪臭のある-　*79, 83,* **124**
　化膿性　**126, 131**
　黒褐色の-　**131**
　湿潤した褐色の-　*83*
　耳垢性　*83,* **134, 138**
　粘稠性が高く茶色の-　*134*
　豊富な-　**126**
　もろい褐色の-　*83,* **137**

へ

閉塞性疾患　78-80
ベタメサゾン　**145-147**
扁平上皮癌　*52, 53,* 79

ほ

ホウ酸洗浄　**106,** 129, **135**
細い針による材料の採取　**42,** 80
発赤　*23, 24,* 64, 70, **147**
ポビドンヨード　**106,** 114
ポリミキシンB　**120, 127**
ポリープ耳道の-　*18,* 70, **78**

ま

麻酔剤　21-22
マダニ（ダニ）　10, *54*
マラセチア　86
　「水泳後の耳」　*4, 5,* 76
　治療　133-136, *135,* **136**
Malassezia sympodialis　133
マラセチア属
　症状　**65**
　　細胞診　*94-95*
　　水分とマラセチア
　　　4, 5, 76, 115
　　分泌物　*83,* 86
マルボフロキサシン
　　120, *127-128,* **129**

み

*Microsporum*属　12
ミコナゾール　*135*
水
　「水泳後の耳」も参照
　耳の洗浄　*105,* 111

耳の毛　108
　有毛の耳道, 有毛の耳も参照
耳の洗浄　69, 105-115, 118
　医原性の外傷　76-78
　製品　105, *106,* 114
　　水溶性の-　76, 114
　　プロピレグリコールも参照
　　治療前洗浄剤　**127**
　　EDTA-トリスも参照
耳の乾燥　*105,* 114
耳の潤滑剤　*106,* 110-111
耳道の腫張　**147**
ミミヒゼンダニ (*Otodectes cynotis*)
　　10, 11
　細胞診　91, *94-95,* **100**
　治療　137-139, **141, 142**
　分泌物　*83*
ミルベマイシン　**141, 142**

む

無菌性好酸球性耳介毛包炎　44
→無菌性膿疱病変は落葉状天疱
　瘡を参照

め

メラノサイトーマ　*53*
免疫介在性疾患
　円形脱毛症, 水疱性類天疱瘡,
　皮膚筋炎, 円板状エリテマト
　ーデス, 多型紅斑, 落葉状天疱
　瘡, 血管炎も参照
　細胞診　14, 15
　症状　*25,* 49, 58, 93
免疫抑制
　感染と免疫抑制　14, 81, **126**
　ウイルス性免疫抑制　81, 133
　ダニと免疫抑制　11, **139**
　免疫抑制状態におけるステロ
　イド使用　**145, 149**
面皰　*24,* 47
綿棒による検査　91, **92,** *92-93*

も

毛包　45, *57,* 61-64
毛包虫属　*24,* 39, 40
　治療　**139, 141, 149**
　表在生活性毛包虫は*Demodex*

*cornei*を参照
　毛包虫は*Demodex canis*を参照
毛包虫症　44, 49
　*Demodex canis*も参照
モキシデクチン　**141, 142**
モノスルフィラム　*135,* **141**

よ

よだれ焼け　*23, 24*

ら

落葉状天疱瘡　14, *15,* **147**
　細胞診　41, 93
　症状　*25,* **29,** 49
落屑病変
　16, 24, 31, 44, 55-56, 61

り

緑膿菌　**26**
　細胞診　*94-95*
　正常細菌叢における-　117
　治療　113, *124-129*
　分泌物　*83, 84, 124,* **126**
（硫酸）アミカシン　**127,** *128*
リンコマイシン　**120, 122, 123**

れ

レンサ球菌属　*84,* 117-123
　細胞診　*94-95*
　「水泳後の耳」　*4, 5,* 77
　正常細菌叢における-　117
　治療　117-123
　分泌物　*83*

ろ

ロテノン　*141*

■監訳

岩崎利郎

1974年3月東京農工大学獣医学科卒業、1984年3月農学博士号取得（東京大学）、1974年4月～1978年12月神戸市平尾獣医科・神戸大学医学部皮膚科学教室研究生、1979年1月～1980年3月東京大学農学部獣医内科学教室研究生、1980年4月～1991年3月第一製薬（株）勤務、1991年4月～1992年9月米国スタンフォード大学医学部皮膚科学教室postdoctoral fellow、1992年10月～1993年12月米国ノースウエスタン大学医学部皮膚科学教室助教授、1994年1月～1996年3月岐阜大学農学部附属家畜病院助教授、1996年4月～1999年6月岐阜大学農学部附属家畜病院教授、1999年7月～東京農工大学農学部獣医学科獣医内科学教室教授

■翻訳

荻野朋子
岩手大学動物病院勤務

田中　稔
田中ペットクリニック

並木良輔
ワンニャンファミリークリニック
ペットクリニックアニマーレ
東京農工大学農学部獣医学科獣医外科学研究室研修医

犬と猫の外耳炎ガイドブック 診断・治療の10ステップ

平成17年8月15日	第1版第1刷発行
定　　価	7,875円（本体7,500円）
著　　者	SUE PATERSON
監訳者	岩崎　利郎
発行者	野村　茂
編集人	福原　佳子
発行所	**株式会社ファームプレス**

〒169-0075 東京都新宿区高田馬場2-4-11
　　　　　ＫＳＥビル2Ｆ
　　　　　電話（03）5292-2723
　　　　　FAX（03）5292-2726

印　　刷　泉菊印刷株式会社

（本書からの無断複写・転載を禁ずる）
落丁・乱丁本は、送料弊社負担にてお取り替えいたします。
ISBN4-938807-50-5　C3047　￥7500E